日本新建筑系列丛书17

医疗设施

日本株式会社新建筑社　编/译

大连理工大学出版社

编委会名单

主　　编　（中）范　悦

　　　　　　（日）四方裕

编委会成员

中方编委　王　昀　吴耀东　陆　伟

　　　　　　茅晓东　钱　强　黄居正

　　　　　　魏立志（按姓氏笔画排序）

海外编委　吉田贤次　多田亮彦

目　录

新建筑

17

新建築
株式會社新建築社，東京
©2012 大连理工大学出版社
著作合同登记06—2011年第282号

版权所有·侵权必究

图书在版编目(CIP)数据

医疗设施 / 日本株式会社新建築社编译. 一大连；
大连理工大学出版社，2012.6
（日本新建筑系列丛书：17）
ISBN 978-7-5611-6985-8

Ⅰ. ①医… Ⅱ. ①日… Ⅲ. ①医院－建筑设计－日本
－现代－图集 Ⅳ. ①TU246-64

中国版本图书馆CIP数据核字(2012)第119036号

出版发行：大连理工大学出版社
（地址：大连市软件园路80号 邮编：116023)
印　　刷：北京利丰雅高长城印刷有限公司
幅面尺寸：221mm×297mm
印　　张：10　插页：1
出版时间：2012年6月第1版
印刷时间：2012年6月第1次印刷
出 版 人：金英伟
统　　筹：房　磊
责任编辑：张昕淼
封面设计：王志峰
责任校对：张媛媛

ISBN 978-7-5611-6985-8
定　　价：98.00元
电　　话：0411-84708842
传　　真：0411-84701466
邮　　购：0411-84708943
E-mail：a_detail@dutp.cn
URL：http://www.dutp.cn

现代城市的九律

现代城市的九项缺陷

西泽大良

（建筑师）

一、写给年轻读者

这篇文章要讲述的是当今城市的缺陷。"今日城市"固然意味着"现代城市"，不过与20世纪60年代以来对现代城市规划的批判性讨论[注1]是不一样的。因为60年代并未受到重视的现代城市的关键问题在90年代后半期开始凸显。然而，这个问题直到今天都尚未受到建筑界的关注。就是因为当今建筑界对(现代)城市形态现状缺乏批判性的考察，导致面对城市缺陷时无动于衷。估计各位读者都忘了东京也是个现代城市，比起60年代的东京来说，90年代后半期之后的东京才是现代城市，可能也有一些人是有点概念的。我们作为城市和建筑方面的专家，陷入这样的健忘症中，关于当今城市的问题就永远找不到答案。写这篇文章的目的之一就是以90年代后半期以来的城市现象为前提，针对(现代)城市形态的缺陷给当今的城市所带来的问题提供新的思路。除此之外还有另一目的，大概在70年代初，人们对那些现代城市缺陷的持续追求才放下脚步，其后将至今40年间，现代城市状况危机四伏，而必要的城市理论却没有得出。所以对70年代以后出生的20到30多岁的人而言，自己的城市面临着怎样的危机，他们自身是感觉不到的。虽然笔者多年以来在大学等场合宣讲过城市形态缺陷的问题[注2]，囿于时间所限，基本的用语和实例难以详举，只能泛泛而谈。而从90年代后半期以来，至少可以明确认识到的是，现代城市的缺陷并没有在60年代完全改进，今后会给世界带来意想不到的灾难，为此买单的不是别人，正是年轻人。不管是现在的年轻人还是即将出生的孩子们，都必须意识到现代城市的缺陷。本文正是此意，希望为年轻读者尽可能地呈现把握现代城市形态现状的方法，并提出应对缺陷的提案或议题，祈望终能传达笔者力所能及的从现代城市向别的城市形态转换的方法。

注1：指后文"三、1960年代的现代城市批判"中所述《城市不是一棵树》(克里斯托弗·亚历

山大，1955年)以及《美国大城市的生与死》(简·雅克布斯，1961年)等。

注2：后文"现代城市的九项缺陷"相关话题笔者和在大学宣讲的场次如下：
· 东京理科大学4年上期终讲评会(2009年7月、2010年7月)和特别讲义(2010年12月)
· 墨西哥国立自治大学演讲(2009年7月)
· 东洋大学讲评会公开研讨会(2011年7月)
一部分成文出版如下：
· "柏林"(《旅，建筑的行走方法》建筑文化纵览2006年12月出版，彰国社)
· "代代木公园"(《新城市面貌的别样风景》2007年8月出版，诚文堂新光社)
· "作为建造对象的城市和建筑"(《住宅特集》，2009年9月期)
· "世界普遍不景气和建筑"(《JA76》，2010年1月期)
· "东京的总体规划和建筑原型"(日本《新建筑》，2010年4月期)

二、20世纪90年代后半期以来

切入正题之前，我们先整理一下90年代后半期以来城市里都发生了什么，特别是和60年代的区别放在一起对比看看。

(1)现代城市的规模

所谓的G20各国完成现代化以后，90年代后半期产生了大量的现代城市，人口众多的亚洲圈尤为显著。印度和中国的改革开放政策是在90年代前期(印度1991年、中国1992年)，到90年代中期各城镇街区开始进行设施建设(能源开采、基础设施、港湾设施等)，接着在90年代后半期现代城市这种面貌陆续出世。其他各G20国家也突击步入现代化。90年代后半期以后的世界，是人类史上最大的城市建设高潮时期，与之前的60年代相比，这是现代城市无以匹敌的量产期。

(2)城市规划的停滞

G20各国的现代城市，比如中国的很多城市都是如各位读者所看到的具有典型60年代风格的规划(没有新城市类型的新城)[注3]。尽管制度规划的是"西方国家"(欧美日澳)的城市设计事务所、土木设计事务所和建筑设计事务所，规划时间是90年代后半期，却是60年代的规划内容和理念的重复。

在欧美日澳多国专家的参与下，却只实现了与40年前同样的城市形态，也就是说，我们的规划技术在这40年间丝毫没有前进[注4]。较之同样的40年前（1920年代末~1960年代末）的城市规划方法的持续进步，真是无可比拟。从这个意义上说，过去的这40年间（20世纪70年代初~21世纪10年代初），可以算得上是城市规划"失去的40年"。在这"失去的40年"中对城市规划方法的停滞或放弃虽然长时间存在，但90年代后半期以来开始广泛影响到的城市生活者和食品生产者。

(3)城市人口

城市人口问题，即人口流动性问题，是90年代后半期以来出现的两种现象之一。即（A）G20各国现代化伴随着农村人口向城市的流动。作为现代化进程中必然出现的问题，原G7各国在60年代都积攒了经验，流动本身并不新鲜，而庞大的流量确实是前所未有的（当今世界69亿人口中城市人口超过半数，达到36亿，无论总量还是比率都达到人类史上最高值）；（B）完成现代化的各国也发生了人口流动。即受到人口减少困扰的原G7国家在饱受大多数城市人口减少之苦的同时，人口又往一部分城市聚集（即城市间的竞争）。这不仅仅是本国内从城市A向城市B流动，还伴随着从国外城市C流动到本国城市B的现象（移民人口及观光人口）。

当今的城市形态（现代城市）就是在这两种类型的人口流动之上形成的，而这也是在90年代后半期开始出现的现象。

(4)资本和国家的影响

现代城市形态还受到（A）作为城市建设资本的投机市场的影响，和（B）提供城市运营经费的国家和自治体的影响。前者能在瞬间增大建设资本（并伴随其后急剧的减少），金融市场的这种影响又激化了90年代后半期以来新自由主义政策的全面化、金融工业的发达和房地产债券市场的全球化。后者则随着原G7国家财政赤字的慢性化和税收不足（税收上升率低下）而使维持城市的运营越发的越不容易。这两点倾向在60年代不曾遇到，而在90年代后半期以来变得显著起来。

(5)信息革命

90年代后半期发生的信息革命虽然至今只有15年，却给当今城市带来了不容忽视的变化。到现在最大的变化是，（A）物资分配革命带来的城市变化。物流工程合理处理过剩问题，大的方面让港湾地区的堆场、仓储地忽然没有用武之地而成为大规模再开发用地；小的方面则让便利店在老城区内四处开张。另一个大的变化是（B）通信网络带来的城市变化。最显著的是北美和北欧电力网的智能化。这两点是城市主体部分的物流和能量产生的变化，在作为城市的内核的物流设施与能源设施发生变化的基础上，信息革命触及的并非城市表层，而是基础性的底层结构的变革，这也是90年代后半期以来的事情。

(6)环境破坏

90年代后半期以来，近代城市的量产带来最大的影响应该就是对环境破坏。从现代城市的建设阶段到运营阶段以及城市圈内圈外同时贯穿着对环境的破坏。（A）城市圈外的粮食产地和渔场、林地、水源地等能源设施用地和基础设施用地、交通用地及资源开采用地、废弃物处理厂和废弃能源处理厂等等都持续地对环境产生着负面影响。此外（B）城市圈内的港湾用地、能源储蓄基地、城市开发和扩张共同作用，有力地影响着环境。（C）城市圈内气候恶化（现代生活对能源的过度消费）的持续进行。现代城市的特征决定了城市活动对环境的破坏永远都不会终止。对于这个问题在60年代部分专家就提出了警告，然而直到90年代后半期因现代城市圈在全球大规模的扩张才使该问题得到大众的关注。

(7)城市灾害

90年代后半期以来的现代城市经历着60年代都从未曾经历的城市灾害。发生于1995年的日本阪神大地震和地铁沙林事件，前者为天灾（城市型地震）、后者为人祸（恐怖主义）。假如不说原因单看结果的话，二者都具有城市功能的关键部位受到外力破坏的共同点［前者表现了从高速公路到地下水道，所有的基础设施的脆弱性，后者则是城市交通（地铁）和行政区域（霞关地区）的脆弱性］。这样的灾害促使人们对城市灾难、城市防灾的重视，从这个意义上2001年美国同时发生的多起恐怖事件、2011年的日本东部大地震都告诉了人们现代城市的脆弱性这一事实（前者是超高层街区类型的城市集中利用的危险性，后者是城市圈外核能发电站集中布置的危险性）。现代城市经过60年代的探索和实验，到90年代后半期开始才首次受到挑战和检验。

城市的现代化、世界人口的增加、地铁沙林事件等，年轻读者也有所耳闻，然而，在此基础上针对现状城市形态缺陷的把握和研讨，却几乎听不到。比方说，年轻读者虽然考虑问题相对简单，但上述事件在人类史上是前所未有的，是现代城市形态的初次变革，理解起来应该是比较容易的，此外城市人口占世界人口一半、与之连带的食品和能源分配问题及废弃物问题，都是现代城市完全没有涉及过的领域。

笔者当然也不能超越这些问题去讨论城市应有的形态，然而，当今的城市会解决哪些问题，似乎是件无法预知的事情。或者说从90年代后半期以来，现代的城市形态已经成为需要解决的问题的一部分且应该被消除的危害的一种。这在文章最后的结论中也有所论及。

注3：需要说明的是"中国量产出来的现代城市"是在城市规划层面上的讨论，不涉及单体建筑风格，城市内建筑物是否是狭义上的现代主义建筑都无关现代城市的转型。
注4：过去40年间城市规划手法勉强称得上发展的，为数不多的实例是巴西的库里提巴城市规划(1993年)

三、20世纪60年代的现代城市批判

在正题之前还有一个需要说明的是关于现代城市的缺陷在60年代早已有强烈的讨论。《城市不是一棵树》(克里斯托弗·亚历山大，1965年)《美国大城市的生与死》(简·雅克布斯，1961年)《城市原理》(简·雅克布斯，1969年)等论著相继出版。前述"失去的40年"，即过去40年间城市规划的停滞或放弃，我认为是以他们的论点所产生的冲击为契机。这个具有冲击性的论点，使同时代的专业人员停止了思考或者干脆放弃思考。在此，为了阻止"失去的40年"继续延伸，以下两点需阐明：

第一，关于他们的论著的使用方法或者阅读方法。

笔者并不认为他们的主张是错的，但是继他们之后的理论家却用错了方法。他们(借口)将放弃城市规划正当化，至今如此注5。然而"城市没有规划主体""城市规划不可能实现"等主张并不是由亚历山大等的论著中自动得出的结论。这些结论就算没有亚历山大等的论著也可能产生，就是说是在考察城市的生成过程和规划主体的时候空想出来的。

本来城市是在时间与空间上相互分离的"复数的异质集团"，是无意识地共同创造的"作品"。凯尔特部落向古罗马殖民城市转换的时候，和近代西班牙的港湾城市向现代城市转变时期，还有现代城市内部以城市更新的方式渐进时期，莫不如此。要说这些城市中突出的"规划主体"的话，像凯尔特的萨满教僧人与古罗马军团的精诚合作、近代西班牙的商队和现代主义者隔着时代的合作一样，都是集团长期的外部作用。这样"规划主体"的"制作"方法，正是城市固有的。这就是说，它不同于现代美术和工艺的制作观与主体观(单一主体的制作)，这也大致是亚历山大和雅克布斯的基本立场。应该说他们批判的是19世纪末~20世纪中叶的特殊时期注6现代主义思想下单一主体制定的新城规划模式，从本质上说，他们对之前的城市规划反而是抱以善意的态度，并对今后的城市规划发展无不寄予厚望。城市本来就是和自然生成相对照的人类创造的最大的作品(无论好坏)。然而，任何城市都是人类有意识"规划"出来的，自然界，从非自然生成的意义上来说是"人工的""制作物"。此意义上城市"规划性""人工性""制作物"的属性是不可或缺的重要属性。当然这些对亚历山大和雅克布斯来说属于不必提及的常识，作为讨论前提而存在。可是，不知为何这个前提却被同时代的读者遗忘了，因而推导出城市规划不可行之结论，将亚历山大等的论著当作排挤所有城市规划主体的圣典。

为了便于年轻读者理解再说细一点，亚历山大和雅克布斯说的是"如果像画家画画一样去设计城市的话，事情会变得无厘头，会产生只有这样才美的专断。"所以他们提倡今后的城市规划不要采取那样的方式，应该让公众参与、大家协力。这是在他们的论著中随处可见的观点并且希望是前进的方向。然而这40年来"单人作画行不通，城市规划就不要做了"却是现代人对此的误读。

第二，关于他们论著的内容。

90年代后半期的情况使其论点具有相对性。他们质疑的现代城市的缺陷(城市规划的树状结构、规划理念的思辨性、规划街区的匀质性、对多样性的扼杀、高犯罪率、对人行道的轻视、对社区的忽略等等)，都是城市"内部的""短期的"问题，而90年代后半期以来城市还面临着"外部的""长期的"诸多问题。笔者认为后者鲜明地反映了现代城市不成熟、不完善的一面。

G20各国的现代城市，特别是中国量产出来的城市规划都是前述典型的60年代风格的现代城市。都是没有读过亚历山大和雅克布斯的论著而

设计出的产物，不过话说回来，先贤们的警告其实都还是在城市内部反复发生的问题，但这并不是所有的问题。现代城市这样量产涌现，总体对"外部"产生了怎样的影响，同时又可能引发什么"长期的"灾难并招致何种危机，这样"外部的、长期的"问题并没有得到相应考察。

毋庸置疑，亚历山大和雅克布斯对城市内部构造进行的多数重要分析，笔者至今仍在意外场所见证其有效性，记忆犹新的不在少数（比如近年来吉祥寺本町二丁目一带戏台的产生，就是雅克布斯"老旧设施的必要性"的完证）。不过光有内部经验是看不到"外部的、长期的"问题的存在的，而那些可能正是"内部的、短期的"问题的导火索，所以对雅克布斯等的现代城市缺陷分析，还需相对地引入"外部的、长期的"维度。

如今，对60年代亚历山大和雅克布斯的理论是不是应该放到如下位置去考虑。《城市不是一棵树》的观点虽然是积极的，但就算城市规划成半格或组团状，还是不能消解城市"外部的、长期的"危机。还有"城市必须拥有多样性"这个观点本身是对的，但就算具备了多样性也一样面临刚才所说的困境。因此他们的观点需要和现代城市面临的"外部的、长期的"问题区别开来。

注5：矶崎新关于《浅谈艺术和建筑学的结合》的发言（2011年）。
注6：文中《19世纪末~20世纪中叶的特殊时期》是老牌资本主义国家在各自经济发展历程中，现代城市和现代建筑变成主流的时期，此外，这里所说的"20世纪中叶"也包含了60年代。

四、现代化历程

为年轻读者增加的还有一个注解，是关于现代城市的量产，作为预备知识和补充说明来写。

现代城市原本是某一区域或国家现代化过程（产业资本主义化）加速发展后的必然产物。因为"现代化过程"单纯地说就是这样一个一揽子工程：前现代的农业和渔业被能源产业、钢铁产业、交通产业之类的"近代产业"代替，现有的聚落和街区向"现代城市"转化，农民和渔民也移居到城市成为"出卖劳动者"（现代人），从自给自足的生活迈向"现代生活"，

在此基础上征收的税金和民间资本又建造出广义的"现代建筑"、再以羊毛出在羊身上的方式大量生产出广义的"现代住宅"。这一流程中必不可少的捆绑是"现代城市+现代产业+现代生活+现代建筑+现代住宅"，只要一引进这项捆绑详单的地区和国家就只能踏上现代城市扩张的不归路了。全世界享受着现代城市和现代生活的人口在20世纪初有1亿6000万人（约占世界人口的1/10），到20世纪中叶已经达到6亿（约占世界人口的1/5）。在那个时候现代城市就算多少有点缺陷，但从全局来看可能也算是件小事。而90年代后半期以来，G20各国持续地进入现代化历程，在21世纪初的今天已经有35亿人口居住在城市（约占世界人口的1/2），今后预计还有10亿人左右加入城市人口行列。现代城市的缺陷较之100年前影响扩大数十倍，已经不是件小事了。比方说60年代受到质疑的现代城市的人工性和商业性，在90年代后半期已然成为全球环境破坏和资源争夺的主要因素。笔者也无法完全中立、公正地预测今后现代城市和现代生活所带来的影响[注7]。然而，就算是年轻读者也能够在可获得的数据范围内得出下面的预测吧。

日本高速经济发展期实现了大规模的新城（配备了办公、商业、居住的区域），在东京郊外大约容纳了40万人（多摩新城、港北新城、筑波大学城），大阪郊外约20万人（千里新城），从设计阶段到全部入驻大约要30年。总之，日本的高速经济发展带来的现代化使平均每年有2万人转变到了现代生活方式（仅算新城）。事情若像前不久某著名投资家所赞扬的那样，世界城市人口如果从35亿扩大到60亿的话，必然会带来经济利益的话，那么消费那些金钱的环境也好、街道也好、人类自己也好大概都灭绝了吧。

现代城市并不是一个适合60亿人生存的理想形态。它是以从1亿人到6亿人为前提精炼出来的产物，而从6亿人扩张到35亿人的过程中，人们却没有对城市形态进行改善。90年代后半期以来，亚洲圈毫无创意的复制并批量生产，加上人口增多、环境负荷加剧，是一个令人头疼的问题。

另一个头疼的问题是，导入前述现代化捆绑单的国家在本国内批量生产后，必定又向其他国家输入。G20各国在完成各自的现代化之后20年左右又会向其他国家的现代城市移植。

然而，日本人对这个"现代城市移植问题"负有特殊的责任，年轻的读者是必须知道的。"现代城市移植"野蛮的扩张是由日本吹响的号角。

众所周知，日本的幸也好不幸也好，作为非欧美圈的国家首先实现了现代化并达到经济的高速成长，这之后中国和印度应声而起。就是日本将高速经济增长模式化，捆绑成可放之四海的成功秘笈，这样的操作菜单的成型也是在日本60年代左右。

顺便说，日本之外其他原G7各国的ODA主要在灾害援助、医疗等方面给予人才、软件等多方面援助，与之相对，日本的ODA在亚洲圈仅以能源、基础设施建设为主[注8]。这些设施都是现代城市不可或缺的立城之本（基础），所以日本在90年代后半期以来对亚洲圈的现代城市量产做出了决定性的贡献。

简而言之，日本是亚洲现代城市规模的当事者，不仅提供了经济高速发展的方法、还提供了启动资金，它是现代城市量产的推动者。而将这样庞大的现代城市移植将来会带来什么后果，需要负责解释并检验的也是日本的专业人员（城市规划者、土木设计者、机械设计者、建筑设计者）。如果怠慢了解释并检验的责任，就跟大量倾销残次商品的无德商人一样了，而也给后世留下不良记忆。曾几何时，现代城市也是由欧美移植到日本的，90年代后半期以来，又从日本向亚洲邻国移植（当然直接从欧美向亚洲移植的也很多）。在这个过程中对现代城市的缺陷没有得到广泛的认识，同时政府之间、经济界也没有异议，顺顺当当地进来了。事态如不良传销一样向前推进，而对现代城市的缺陷性一直没有达成共识。

若是至福之事这样的移植和规模也还好，但从何种角度去看，不容乐观的事情都太多。从"内部的"城市观出发，乐观仅限于局部地区和城市，而且不到100年的城市评价也只能是"短期的"城市观。确实，从"内部的、短期的"来看，现代生活比传统生活在便利性、机械性上都有所改善，然而这些"内部的、短期的"评价体系在评价一个城市上属于无意义的指标。对城市的生存来说，"外部的、长期的"评价体系应该放在首位。因为城市本来就是需要依靠调动"外部"的能源、食品、人才、信息和技术来运营，如果没有"长期的"持续供给，城市也不能成为城市了。

建筑和城市方面的专业人员从"外部的、长期的"视角上应该是能看到现代城市充斥着不足的，同时也不会自信满满地肯定现代城市的大量复制。而政治家和经济学家是无药可救的，他们只关注眼前的"内部的、短期的"东西。但是没有这样的建筑或城市专家试着去改良"长期的、外

部的"隐患。

再次重申，把握现代城市"外部的、长期的"隐患是非常重要的，而消除隐患并构筑新的城市形态更为重要。当然实现构想需要一步一步地完成，先部分实现也是有意义的。这在现代城市建设高峰的今天也许是徒然，从长期来讲，人类必定会建立新的形态来取代旧的。当然并是不认为一篇文章就能达成一致，但可以作为基础，由专业人员一步一步的积累和修正，也许有一天能获得大家的认可，笔者尤其对从小就受到城市缺陷困扰的年轻读者们心怀期望。

注7：对批量的现代城市的未来的预测有很多角度，而公正、中立的少，尤其是证券和银行等综合研究所和现代经济学者的的预测值得怀疑。其次就是政府下属的城市规划研究所和智囊团，此外还有城市规划咨询公司的预测，因为亚洲国家的现代城市批量化的理论就是由这些人推动的，很难期待有中立的判断。

注8：对这种异常投资的官方说明如下：由于日本的和平宪法规定不能派遣军队进行抗灾抢险和维持治安，所以要借助建设城市的基础设施和能源设施来应对抗灾抢险和维持治安问题（根据日本外务省HP）。这种冠冕堂皇的说法具有明显的矛盾之处，因为即便是在战前没有和平宪法的时期，日本照样执着于投资建设亚洲国家的基础设施和能源设施建设，外务省的这段说明并不成立。

现代城市的9项缺陷

现将现代城市的缺陷归纳为9个方面，与之对应亦有9条针对新的城市形态的改善对策。

1.新型贫民区问题

2.人口流动问题

3.分区问题

4.食品和能源问题

5.生态系统问题

6.现代交通问题

7.安全问题

8.交流性问题

9.城市寿命问题

为便于理解，详细说明如下：

1 新型贫民区问题

通常人们认为现代城市的一大功绩就是成功清除（再开发）了贫民区。然而，从外部的、长期的角度来看，现代城市几乎没有解决贫民区问题，仅仅是把解决延迟了而已。城市现代化过程中看似清除了贫民区，却只是一种内部的、短期的错觉。从外部的、长期的角度，现在日本的贫民区也仍然在明显地扩大，只是不容易被发现罢了，因为现在的贫民区已经进化到与过去完全不同的类型。

拿日本国内最新的贫民区为例，就有"除夕派遣村"（译者注：2008年12月31日到2009年1月5日，由数家NPO和劳工组织在东京日比谷公园开设的避难所性质场所，为流浪或失业者提供食物和住宿。）、网吧难民（译者注：指日本国内居无定所，日打短工、夜宿网吧或简易箱式旅馆等的贫困人群）这样的新型贫民区。虽然这些人并未非法居住，作为被剥夺了土地成为城市人口的后代，在城市中除了出卖劳力并没有其他获得食物和资源的手段。这样的生产状态和近现代的农村、渔村中自给自足的生存状态似是而非。网吧难民的出现和过去贫民区的生成原理是一样的。

贫民区，指本不应该却居留了低收入劳动者的区域和场所。低收入劳动形式过去只有日工、季节工之类，现在则出现了各种各样丰富的类型，如外派职工、合同工、打工者、自由职业者、就业浪人（译者注：在日本指应届毕业后待业的人）、风太郎（译者注：在日本指有就业愿望的无业者）、尼特族（译者注：在日本指既不愿上学也不愿上班的人群，这些人通常受到媒体网络影响）、家里蹲等。这些人不应该却居留的场所，就是今天的贫民区。

联想到19世纪那种贫民区的话，新型的贫民区很容易被忽视的。今日的贫民区具有从外观上难以判断的特点，内部既有像传统贫民区那样的（如东京的山谷地区等），也有空调、饮料一应俱全的单间（如网吧）。只有不受各种外表的迷惑，抓住共同的特征，才能嗅出新型贫民区的味道。一般来说，新型贫民区产生的背景是新劳动法（雇佣形式）的出台和定居形式的发明。比如平成年间的不景气造成了蓝席难民（译者注：指在地上铺一种常见的蓝色塑料布露营的难民）、派遣法造成了网吧难民、总量规

制（译者注：1990年3月日本大藏省针对金融机关出台的行政指导，旨在抑制土地相关融资，最后引发了房地产泡沫的崩溃）则引发了郊外高层公寓的贫民区化（空洞化）。

就这样，我们司空见惯的地方在不同场合都有可能成为新型的贫民区。一个最极端的例子就是城郊新城（卧城），在特定的时期就属于新型贫民区。当然新城的居民都不是非法居留者，不过很多是被从过去的农村、渔村赶出来依附到城市边缘生活的人，现代城市变成了他们唯一的生存场所。这些的生存状态基本上只能靠在城里出卖劳动力换取食物和能源，否则便无法生存，这在近代的农业聚落中是没有的，这是从19世纪才开始的贫民区的贫民的生活状态。尽管城郊新城的居民被称作"中产阶级"，实际上在经济高速发展期的"中产阶级"就是低收入劳动者的变体，除了卫星城哪里也去不了。这些卫星城就是让人看不出来的，经过粉饰的新型贫民区，专为经济高速发展时期而存在的"中产阶级=低收入劳动者"的巨大贫民区。此外，也有说法认为这些卫星城随着少子高龄化而贫民区化（空洞化）。这样看来，这些并不是忽然被贫民区化的产物，只是看问题的角度将其本来具有的准贫民区本性的实情揭示出来。卫星城的现象近年来受到关注，简单地说就是对新型贫民区的关注，即对现代城市长期的、外部的缺陷的关注。

还有一个希望年轻读者记住的新型贫民区，是东日本大地震当天东京圈的回家难民，这是最新版的新型难民窟。回家难民是由于城市交通的瘫痪而无法回到卧城的上班族，只能在车站等公共设施和衣而睡。他们虽然也不是非法居留者，但为了上班每天都涌入城市，视城市为唯一生存场所。回家难民停留的地方成为瞬间的高流动性新型贫民区。

就这样，新型贫民区渐次出现，将来还会推陈出新。因此"现代城市已经成功清除了贫民区"这样的普遍认识实际上只是一种短期的内部的错觉。从长期外部看，现代城市（以及产业资本主义）正是贫民区层出不穷的原因，退一步说，现代城市会源源不断地需求新鲜的贫民。发展的过程中就会带来新型贫民区，在"调整"劳动人口中成长的城市形态，就是现代城市。

笔者自然对这些世界范围内批量生产的巨大新型贫民区特别关注[注9]。此外，对网吧难民和回家难民之类的新型贫民区也不落人后地保持关注。

那里凸显了现代城市的软肋，暴露出其缺陷性。

反过来说，现在的城市形态在何种程度上克服现代性迈向新的阶段，新型贫民区的形式分析也是一个判断标准。从这个意义上，当今的新型贫民区在一点点变得多样并细化（尽管贫民区的总面积在增加），同时新型贫民区还越来越难以为继，都暗示了将来城市的走向。

现代城市的下一步，一定不是一个空想的未来城市，其萌芽必然在现代城市的缺陷中，在与各种缺陷的斗争中涅槃而出。在这个意义上现代城市和未来城市的区别围绕贫民区问题有如下差别：

首先现代城市的历史是在根治贫民区的宣言中开始的，这是一段新型贫民区层出不穷的历史，城市依存着新型贫民区的诞生"成长"或"低成长"的历史。这里的"成长"与经济同步，高速成长的经济伴随新型贫民区的产生，经济泡沫崩溃则引发一种新型贫民区的出现，经济微增长的低成长时期亦同理，这就是现代城市挣扎的历史。与之对应的是后低成长时代的城市形态，归根到底，是预备为脱离资本主义时代的城市形态，换句话从贫民区问题来说，就是不会也没有必要产生新的贫民区的城市。那样的城市不会为了"调整"低收入劳动者的聚居地而扩张，能维持稳定状态。

用城市规划的方法来说，现代城市规划所进行的清除贫民区（再开发）实际上只是制造新的贫民区并使之扩大化，是看不见希望的，应该反过来去考虑保护维修已经生成的多种多样的新型贫民区的可能性。日本国内历代贫民区主要类型就有（A）传统的木结构街区；（B）战后贫民区或营房；（C）战后复兴时期小作坊式居民区和木结构住宅地带；（D）经济高速成长时期的卫星城；（E）平成年间不景气时期的空巢高层公寓；（F）新自由主义政策期的高层公寓街区；（G）城市间相互竞争时代国外移民的聚居地；（H）低速增长时代的网吧、漫画吧（杂居楼）；（I）派遣法时代的除夕派遣村（公园、河川）；（J）老年化社会中老朽的木造租赁公寓区；（K）就业困难时代的合租房（老旧公寓）；（L）大灾害时公共设施的用途变更。共12种，今后，为了保证现代城市的命脉还会有更新版本出现，但必须将其限定在有限的类型之内，绝非无限增加[注10]。假设最高达到20种贫民区，首先要保证不试图去将历史造成的20类贫民区都清除掉，相反应该逐个保护维修让其继续生存下去。这样做的理由一方面来自于现代城市规划史交给

我们的无法根除贫民区的宝贵经验，另一方面保护维系贫民区的多样性有助于提高城市整体的稳定性。稳定性是不能够被有意识规划的，唯一能够掌控的是将原有事物保护起来并重新利用时在何种程度上"广而浅"地保持这种稳定，它对城市长期的、外部的生存和延续具有决定性作用。特别是新型贫民区问题（劳动人口问题）纠结并困扰着现代城市，却也是唤起新的城市形态的契机，稳定作为人口缓冲剂非常重要。所以城市总体规划的作用应该重新定位城市中的贫民区区域，就像近代城市总体规划将森林河流等作为保护对象一样，现代城市总体规划也应该将12种历代贫民区列为保护维修地区（有必要取代自然公园法拟定贫民区保护法），不管其现状好与坏，如同我们对待自然（绿地）的态度一样。为此，规划思想的转变和理论框架的重组都是有必要的，而且在我认为在很多方面已经开始引起思考了[注11]。最后，这些多样而稳定的贫民区会根据各自的公共单元分散维护，在别的方面，可以取得如此效果的制度转换与权利让渡等试行已经展开了[注12]。当然每个城市情况不同，有由于城市竞争导致人口急剧减少的城市、也有因移民和观光使人口增加的城市。在讨论对现有贫民区区域的保护和维修的同时，还有受到破坏的例子。这些受到破坏的地区，并非再开发用地，和前述须保护维修的贫民区地区不同，它们可担负别的作用。比如，人口急剧减少导致破坏的城市地区，可以再转为农业用地或能源用地活用。这些是促进城市向聚落转换的区域，在这种情况下，总体规划其实是缓和蜕变过程，协助城市进行"安乐死"。这种针对破坏地区的总体规划比上述针对保护修复地区的总体规划还要重要，是保证现代城市长期的、外部的发展的必要手段。

以上展望的要点就是抓住现代城市稳定的子群。关于每个子群的内容和集合方法，将在下节继续讨论。

注9：笔者关于卫星城的相关讨论见《近代都市》一文（《10+1》创刊期，1994年）

注10：新型贫民区不可能无限发生，因为经济成长不可能无限持续，城市人口也不可能无限增长。

注11：前述新型贫民区（卫星城）受到各界瞩目和现代思想中意图根绝贫民区无关，也和战后对贫民区肮脏现实主义式的欲望无关，这是向其他价值观的转移，这种价值观在日本之外的老牌资本主义国家的城市中正在酝酿。

2 人口流动性问题

现代城市的第二个缺陷就是城市人口的相关问题。现代城市规划一直都轻视人口流动性的缺陷，其发源于现代城市诞生之际，人口流动性是个很困扰的问题，作为一种怀柔策略，当时的规划思想是将城市布置成一个聚落（社区），使流动的人口得以定居。然而，城市人口一定是具有流动问题的，和聚落的人口问题（人口定居性）是完全异质的两个问题。如果不明确地区分二者，就会反复错误地介入城市[注13]。

这个问题（对人口流动性的轻视），比现代化问题还要重大，且将越来越重要。同样在此将为年轻读者说明一下城市人口流动性的原委。近代城市的诞生发端于人类史上罕见的"异常人口流动"，即19世纪上半叶忽然有很多人口涌入英国各城市，因为工业革命带来轻工业的发展，工场在城市内林立，工场主们从农村引进了大量农民工，作为劳动力持续输送到城市。弗里德里希·恩格斯（Friedrich Engels）的《英国劳动阶级的状态》（1845年）记录了1840年代曼彻斯特、伦敦等地罕见的人口流动的始末。很多街区一夜之间沦为贫民区，状况令人咋舌。今天的新型贫民区（除夕派遣村和蓝席难民）相比起来如同乐园，贫民区来势汹汹（资本的原始的积蓄）。中小规模的纺织工厂慢慢渗透到自中世纪以来就没怎么进化的城市，工人街区突然间全部贫民区化，这样的情况层出不穷。街区中的住所仅12㎡左右一间，12个人挤在一起，包括老人小孩都是劳力。因为没有下水设施，撬开地板做粪坑，像猪圈一样。在这种居住环境下，不知情的病疫陆续爆发（斑疹、伤寒和霍乱）。年轻的恩格斯愤怒了，但他的记录真实准确，不像同时代的宗教团体或英国政府记录那样的夸张。

人口流动性，是与工业革命的启动一起产生的不可逆转的变化。就算历史重演一次，工厂主和英国政府也不会悔改并停下脚步。况且工业革命对人类来说是完全未知的，想必资本家和英国政府也都无法预测这将带给城乡不可逆转的变化。现代城市规划的常识是在解决城市问题的过程中建立的，譬如工作区和居住区的分离、上下水道的设置、适当的人口密度设定，各种各样的常识在试行中精炼。然而所形成的这些常识的根基是对贫民区的敌视和对其造成的人口流动性的恐惧。之后所有的现代城市规划大体都继承了这一点。

到了19世纪末，工业革命的主战场从轻工业转移到重工业，城市的人口膨胀大体成型。但是，因为数十年前不正常的人口流入依然记忆犹新，人口流动依然是最可怕的城市现象之一。在19世纪末这个特殊的时期，暴风骤雨般的人口流动在产业结构转换期一刹那间戛然而止。这时出现了成为后世现代城市规划源流之一的埃比尼泽·霍华德（Ebenezer Howard的《田园城市》（1898年）。当然在《田园城市》中也对人口流动性加以警示，譬如《田园城市》将居民们放在与合作社挂钩的土地内，就是一种阻止人口流动的办法。总之它阻止了像今天土地私有制带来的过度的土地流动性＝人口流动性（乱开发带来的人口流动性）。《田园城市》将土地周边围上绿地，也控制了城市蔓延带来的土地流动性＝人口流动性。然而，《田园城市》在其中将稳定人口流动性作为理想，与其说是将城市不如说是把乡村（社区）作为理想东西，这就是最原始的错觉。

原来确实也有些社会活动家评价霍华德有乡村（社区）而非城市的倾向，有些章节甚至让人觉得城市和乡村都可以互换，似乎人口流动性（城市）和人口稳定性（村落）是两个可选菜单，然而对于启动了工业革命的城市来说，那样的选择是不可能的。人口流动性（城市）和稳定性（村落）之间，横亘着不可逆转的变化，一旦进入工业革命，任何城市都无法逃脱人口流动的魔咒。

霍华德的"田园城市"，譬如莱奇沃思（Letchworth），100年来至今大体保持着良好的环境，看起来好像是克服了人口流动性的城市风姿。然而看起来克服了人口流动性的"田园城市"只是因为它其实并不是城市。当然它有工作区，不单纯是一个卧城（居住区）。但有工作区并不意味着就是城市，村落也有工作区（农场、渔场）。城市和村落的区别，和具不具备工作区无关，必须由人口流动性的有无来判定，从这个意义上"田园城市"就不是城市，只是现代的村落[注14]。

换句话说，区别城市和村落就在于人口的流动性（城市）和稳定性（村落），对前者的关注是现代城市规划（工业革命以后的城市规划）的绝对首要。被从农业用地和渔场解放出来的人们，如何生存的问题，即城市的人口流动问题，是现代都市规划应该专心致力的最大的课题。但是，现代城市规划的主流，像在把"田园城市"作为一个规范来寻求稳定人口流动性的问题，极端地讲，不就变成了要让城市(人口流动性)回归村落(人口落实性)一样。这个思想，被很多20世纪的现代主义者认同，以20世纪初在德国建设的崴丁的席勒公园居住区(Siedlung Schillerpark)注15为首，都试图解决人口流动问题。

从"短期的"说，通过设计似乎能创造没有人口流动性的街区。然而，这个状态是难以"长期的"维持的。再来一次工业革命，也不可能能避免人口流动问题。人口流动性是贯穿工业革命以后城市的"长期的、外部的"严峻现实，人口流动性和稳定性之间存在着不可跨越的鸿沟。

尽管推进现代城市规划的现代主义者们认为人口流动问题可以解决是因为只看到了城市"短期的、内部的"情况。从"短期的、内部的"来看，城市可以看作一个大大的村落，城市(人口流动性)和村落(稳定性)的差异变得模糊起来。但是如果从"外部的、长期的"来看，村落是为了"特殊的土地"(食品产地、能源产地)扎根的人们的生存据点，城市是被从那样"特殊的土地"上分离的人们生存据点。在这个意义上，现代的开端不是城市远离乡村的时期，是人口流动无法回到稳定的时期。

人口流动性是不可逆转的。大多数现代主义者无论如何也不能理解这一点。他们无论如何也想要消解人口流动性(城市)，使其回到稳定 (村落)。其结果就是现代城市规划最终只能是"短期的"实现人口稳定(村落)的东西。代替"特殊的土地"(食品产地和能源产地)的使人定居的东西(譬如宅地)，实际上是不能替代食品生产和能源生产的，不能成为"长期的"生存据点。所以"长期的"人口流动性必定束缚着现代城市规划。

对人口流动性的轻视，不仅是前述20世纪初的德国的现代主义者、20世纪上半叶的北美的现代主义者(实用主义者)如此。科拉伦斯·佩里(Clarence Perry)的邻里单元理论是个典型。邻里单元理论认为，一个邻里单元街区规模应控制在5000人左右，其中设置小学和公共建筑及设施。街区内设置基本的步行区与外部交通相连，沿外周道路排列店铺。规划人口被更大的开发时再增加单元的数目，这是一个非常方便好用的规划理论。但其对居住区构成和人口构成的规划手法仍然反映了一种村落(社区)理想，将稳定人口作为目标。因此，根据邻里单元理论建造的街区，在

能保持人口稳定(村落性)的期间大致良好,却也具有一旦人口流动就会面临荒废的缺陷性。

这个缺陷性的暴露是在90年代后半期，其他国家借助邻里单元理论创造出各种各样的卫星城或卧城。邻里单元理论，被20世纪中叶G7各国的公共住宅区和郊外卫星城的规划手法采用，变成对60年代的开发项目的理论支持(支撑了日本以多摩新城为开端的住宅、城市建设公团(城市再生机构))的开发事业)。可以说每个住宅区及郊外卫星城都保持了30年左右的人口稳定性，居住环境得以保存。不过,90年代到后半期以来人口流动与土地流动的复燃使这种模式开始露出破绽。

破绽的契机，主要是(1)土地的流动化。以土地私有制(投机制)和新自由主义政策(容积缓和)为契机，譬如周边地区的高层公寓林立使人口流动复燃，地域人口密度分布的变化破坏了邻里单元的原始模式；(2)物流的统筹革命。譬如周边地区便利店和郊外大型店铺的出现，急剧改变了当地店铺的平衡及居民的活动范围，邻里单元设定的店铺比例和交流性被蒸发；(3)少子老龄化。引起迅速空巢率的少子老龄化现象，也是在现代的村落(农业共同体、渔业共同体)中没有发生过的事,这是现代城市的居住模式(由夫妇与未婚子女组成的小家庭的房产制度)下第一次产生的现象，亦为人口流动性的另一面，是为邻里单元的空洞化。不管哪种情况，都具有人口一开始流动，稳定性(村落性)随即崩溃这样的共同点。邻里单元理论，为了实现人口"短期的、内部的"稳定性(村落性)，面对"长期的、外部的"人口流动的干扰没有防备，具有脆弱的一面。

现在世界各国的地区开发都借用邻里单元理论，尚未建立面临人口流动的防备措施。因此，不管是现在保持着良好状态的"短期的"旧G7各国还是G20各国的郊外卫星城或卧城，都面临着受到"长期的"人口流动颠覆的可能。试想，走到崩溃尽头，作为郊外卫星城或卧城本性的贫民区性就会喷发。从19世纪开始，贫民区的人口流动性问题就是想切也切不断。因此郊外卫星城或卧城潜在着贫民区的本性。譬如中国拥有大量共计600万人的大规模卫星城，就是毫不例外的新型贫民区。今后，如果不针对人口流动性采取对策，30年后便可能出现惊人的问题。

于是这样的思考就复活了——街区人口的减少，会暴露新型贫民区的本性，因此稳定性极为重要,村落化(社区化)也是必要的。但那是错误

的要求、错误的想法，因为即便努力实现也只是"短期的"，贫民区本性终将暴露。人口流动性复燃一般是在30年到50年左右，这对城市来说与其是"短期的"不如说就是"瞬间的"。

诚然现当代主义者的工作也有好的例子，比方说20世纪40年代到60年代间战后各国专为低收入者修建的公寓和住区。因为他们是明确地将其作为贫民区来建设的，已经意识到低收入者总是会维持一定规模存在着，所以具备了产生应对人口流动的建筑模型的可能。但是，尽管无论决策者还是策划方都予以期待，重要的设施设计者（现代主义者）却粉碎了这样的印象。恐怕对大多数现代主义者来说，所谓低收入者专用集合住宅，不过是单纯的"贫穷的村落"吧。就是发展中国家的过渡性产物，与经济发达的欧美无缘。还有，对某些现代主义者而言，人口流动性充其量就是廉租房，人口稳定性就是商品房的概念。但是人口流动性并非"短期的、内部的"议题，工业革命以来城市，不管是贫穷的国家也好、富裕的国家也好，穷人也好、富人也好，租房住的也好买房住的也好，这都关乎群体的生存状态。而且，在人口流动性问题上，穷人有穷人的人口流动性，富人有富人的人口流动性，国家也同理，人口流动性可以分类讨论，甚至规划时的人口流动性是A型，50年后变成B型或C型。或者，至少一部分的街区可以试着进行预备人口流动性A型的建筑与街区实验，但是大多数的现代主义者看不到这种感觉注16。

就这样，现代城市规划从19世纪上半叶到21世纪初的今天，一直避开人口流动性这个问题，专门拘泥于稳定人口，过程中产生了庞大的新型贫民区。所谓现代城市规划的历史，最初始于对人口流动性无尽的恐惧(19世纪上半叶)、后来发展到警戒层面(19世纪末~20世纪上半叶)、接着转移到轻视(20世纪中叶)、最后变成现在的搁置(20世纪末~21世纪初)。这样前后大约3个世纪对人口流动性的置之不理，难道不是现代城市规划难以修复的污点吗？

反过来说，现代城市之后新的城市形态，应从疏离了3个世纪的人口流动性问题中走出来。反其道而行之，没准就能找到出路，首先要将人口流动性作为前提。关于现代城市之人口流动性的前提，下面试做分析。

当今城市人口有35亿人，都是可以流动的。这35亿人不像近现代村落一样要扎根在"特殊的土地"（食品产地和能源产地）上才能生存，他们是从那种土地上割离下来的流动化的人。这35亿人的生存据点就是城市，谋划的是城市规划。不可能让全部35亿人定居于"特殊的土地"（食品产地和能源产地）上，也不可能使35亿人都成为村落人口。现代城市规划留下的经验是让他们在另外的代替地（譬如住所）上安定下来，但是食品和能源都不生产的代替地不能作为长期的、外部的生存据点，所以30年至50年过去，人口流动问题就会出现。

因此可以认为对现代城市规划来说，能走的路就是摸索人口流动性自身的自然增长规律并控制它。换句话说，就是要关注人口流动性实际上带来着什么样的城市现象，沿着其倾向和规律，转换城市规划的目标，并在规划手法上下功夫。打算把城市恢复为村落（准村落）的现代主义的规划目标，是无视人口流动性的恣意的目标。必须紧密结合人口流动性带来的城市现象来改变目标和手法。

如文章开头"90年代后半期以来"叙述的一样，现在的人口流动性很大程度上说有两个类型。现代化初期出现的人口流动性（农、渔村→城市），和终期出现的人口流动性（城市A→城市B）。前者发端于19世纪英国的各城市，今日G20各国的城市正在经历。后者是在今天的旧G7各国城市中凸显的人口流动性。并且后者是在前者的延长线上自然产生。因此可以认为现代城市规划要挖掘的未来城市潜藏在后者的人口流动性中。

后者的人口流动性，在90年代后半期以后总算作为城市现象得到海内外认识，其倾向和规律虽不能充分地阐明。但是有几点，这里尽量排除先入之见，试着关注以下的5个倾向：

(A)旧G7各国的城市人口达到国民数的70%左右，后一种类型的人口流动性激化，特别伴随着来自海外的人口流入（移民和旅游）。

(B)后一种类型的人口流动性，不仅伴随着各国内部城市人口流入，还有来自海外城市的人口流入（移民和旅游）。

(C)人口流动性使一部分的城市人口集中，其他城市人口减少，扩大了两极分化。

(D)在两极化中，人口集中的城市倾向于变成广域的城市圈（东京圈已经突破了3000万人口）。

(E)同样在两极化中，人口减少的其他城市,中心区域持续空洞化的同时，周边地区继续着低密度的开发（低密度城市蔓延现象）是为另一个意义上广域的居住圈。

当然今后也应该会出现上述5个以外的城市现象，不过，在这里先以这5个为前提。下面就结合现代城市的规划目标来说明总体规划的各个步骤和区域。

这些正在两极分化的城市圈、居住圈的共同点，不是中心集约型而是广域型、多焦点型。当然两者的人口密度、面积和规模也明显不同。要尊重这个广域现象的话，首要的，绝不可将这些的广域的城市圈或活动圈，逆转回中心集约型。譬如像日本交通部说的一样将紧缩城市(compact city)作为目标，这基本上是不可能的。人口流动性的出现，绝对不会朝紧缩城市方向发展。在此状况下强行实现的紧缩城市，会和新一轮清除贫民区一样，最终回到产生新型贫民区的道路上。而且，紧缩城市这个规划目标，仍然以旧的静止的总量来把握城市人口和国民人口，把城市人口当做是乡村人口一样。那必定回到试图稳定流动人口的思路上，再走回新型贫民街的产生上。就像反复说的，人口流动性的问题对城市规划来说是块硬骨头，不可小觑。要致力于人口流动性，就不能依赖过去3个世纪的常识。

5个城市现象浮现的，是更"多焦点的""广域的"的城市形象。可以说是各部分密度分布不均、呈条状或斑马纹状的广域城市。

所谓"多焦点的"与过去的城市蔓延现象不同，那是从城中心向郊外蔓延，大致具有中心是稳定结构的特征。而上述的广域现象，城市中心变成很多其他中心之一，蔓延区域也成为别的中心之一，是一个"多焦点的"构造。

再说"广域化"，笔者认为，假如日本的人口即使从1亿3000万人减少到6000万人，也没有理由配合人口总数缩小各个城市的面积。极端的两极化(人口集中的城市圈与人口减少的活动圈的两极化)还会继续，极端的情况不是紧凑化，而是前所未有的城市圈和活动圈结构。

从人类史的城市形态变迁中可知，近现代时期，显然是所有城市的实验场、所有人口密度和设施密度的实验场、所有建筑类型和活动圈的实验场。这个实验场，有像东京一样的广域的、低密度的城市类型，也有像香港一样高密度的城市类型。准确地说，在香港1000人/公顷的街区可能紧挨着200人/公顷的街区，这就是密度差组合的实验场。或者看东京的

某区域，一方面高层公寓区隔壁就是近现代的木造传统街区，而两边都是同样的800人/公顷，这就是建筑类型和设施密度的实验场(东京中央区佃岛)。当然东京的实验性还体现在城市面积和城市密度上，在何种程度上算是广域、又在何种程度上算低密度。从城市面积和活动圈来说也是实验场，活动圈既有比城市面积大的情况、也有极小的情况。这样的各种各样的城市现象，不仅仅发生在现代，一定会进入今后的城市形态。设施密度和人口密度都不均匀分布的广域城市,应该在反复试行探错中积累经验技术。

在这里对前述"现代城市稳定、异质的子群"做个展望的话，其中应包括人口密度不相同的多个区域群。还有，街区作为规划单位也是相对的，街区与建筑在逻辑上不同类，而香港也好东京也好，同样都可作为城市要素被并置。这些不同子集都能被广域城市吸收。另外，稳定的广域城市，在领域上从边远的郊外到过去的中心部位，囊括了广大的范围。而人口密度、设施密度、空地率应是不均匀的，不存在整体高或者低密度的状态。更进一步说，这个稳定的不均匀的广域城市圈，也有可能几乎没有边界，所以城市和村落两者都被包含在内的可能性也是有的。

顺便要说的是，条状或斑马状的广域城市，可能会立即引起反驳，大概年轻读者的脑海里已经浮现出维持基础设施的不经济性、能源运输的损耗性、物流的低效率性等问题。所以没准也会得出不可能运营广域城市这样的结论。确实，在现有的国家、资本体制下，确实不可能。然而，由现代国家和资本运营城市这样的理念，是过去3个世纪以来建立的常识，也有可能是错误的。意味着我们有必要怀疑这个常识，不过关于这个问题(简单地说就是现代城市的营运主体)，随着各章节的循序渐进，读到最后，应该能消解疑团。

就此搁笔，现代城市后面的7个缺陷请听下回分解。

注13：本文所称"人口稳定性""人口流动性"用语，与在社会学、政策学和房地产学的意义内容有差异。这里所谓的"人口稳定性""人口流动性"，是以城市规划的需要为限。即所谓"人口落实性"，是定居在食品产地和能源产地的"特殊的土地"上的人们的生存状态。相对所谓"人口流动性"，指与"特殊的土地"隔离的人的生存状态。前者为生存谋划村落，后者为生存谋划城市。本文中写为"城市(人口流动性)""村落(人口稳定性)"的地方是为了强调生存战略的差异。

注14：霍华德的"田园城市"不是"城市"的理由如文中叙述的那样。不称为"村落"而是"准村落"的理由如下：

"田园城市"没有食品产地（农业用土地、渔场或水源地）和能源产地（山林和河川），却将街道包装成简直可以在这片土地上安居下来一样。由于不具备前现代村落（农业共同体、渔业共同体）里面最重要的生存战略（通过在食品产地和能源产地定居生存这样的战略），所以"田园城市"不是村落，仅仅是伪装成前现代村落的"准村落"。

注15：20世纪初（二战期间）德国批量生产了"社会保障住宅"，如特雷普托的福尔肯堡花园城（Gartenstadt Falkenberg）、崴丁的席勒公园居住区（Siedlung Schillerpark）、新科隆的布里茨大居住区（Großsiedlung Britz）、贝茨劳山的卡尔·莱吉恩居住城（Wohnstadt Carl Legien）、埃尼肯村的白城社区（Weiße Stadt）和夏洛腾堡和施潘道的西门子城大居住区（Großsiedlung Siemensstadt）。很遗憾都是受到"田园城市"的影响。还有，对崴丁的席勒公园居住区，有批评认为它不是城市，不过是个卧城（没有办公设施的住宅区）。然而该批评将重要的问题暧昧化了，当然比起单纯的居住区来说加入办公区最好，但真正应该注意的问题，不是办公区的有无，而是若连对人口流动性不做解答的城市都称不上的话，充其量它不外乎一个现代的准村落。并且，如果不是城市的话，也谈不上长期的、外部的生存据点。

注16：关于城市的居住设施，作为重视人口流动性的事例，有1930年代到1960年代纽约的格林威治村，通过妥善利用人口的流动性，让原有的贫民街发生突变。正如简·雅克布斯的描述，这个时期的格林威治村是在各个迁入者们部分、轮流并不间断地保护修复的结果上产生的，一个19世纪的贫民街区突然发生变异。这个时期的格林威治村在人文上的活力，容许了人口的流动（但是，怎样才能让第二、第三个格林威治村陆续出现，并没有充分的阐述。位于某种规模的大都市中的自然形成的贫民区、周边街区有大学和商店等文化设施、被多种多样的区域包围、街区规模在步行范围内、每个居民自行开展保护修复、多种多样的年龄层的居民、便宜的房租或房价，我们只知道这些初步的条件）。　　　　　　　　　　　　翻译：张光玮

山形大学工学部创立100周年纪念会馆

设计 高宫真介
施工 米
所在地
THE 100TH ANNIVERSARY HALL, FACULTY OF ENGINEERING, YAMAGATA UNIVERSITY

由1层露台眺望。正面为米泽高等学校的旧主楼（重要文物）。该建筑位于山形县米泽市，其包括为纪念山形大学工学部成立100周年而建的迎宾室和大厅。由于是多雪地区，该建筑采用了即使

螺旋形的纪念馆

在2006年举行的公开招募方案的实施纲要中，运营商为了契合对该建筑理念的追求，提出了"大学地标式建筑"或"拥有风格的聚集地"的主张。我们为了呼应这一概念，提出了简洁且自主性较高的几何学的建筑结构。该方案为以9个边长8.5m的正方形组成一个较大的正方形，形成中间包围着一个大厅的日语"囲"字形平面，正立面檐高约8.5m，四面为由3个正方形集中形成的"四"字形立面。

另外，由于在古典静态倾向的构成中融入了动态的元素，设置在入口大厅处的螺旋状楼梯从2层起与外部的楼梯相连，仿佛是蜗牛的外壳逐渐展开直至地面正面的广场。这种螺旋状的形式，在建筑中既是类似勒·柯布西耶的"无限发展的美术馆"的形式，在这里也象征着本学部100年间的发展脚步以及展现今后更高的飞跃这一意图。另一个方案为在正门的轴线上设计"100周年纪念广场"，该建筑位于与建于日本明治时期的夹着该广场的本学部的前身——米泽工业高等学校旧主馆（重要文物）的侧面相对的位置上。通过日本平成时期简洁的建筑与明治时期风格的建筑的对比，赋予了与正门相符的个性，并且成为了回顾百年校史的契机。该"100周年纪念广场"仅完成了一部分就迎来了开馆。预定把100周年纪念会馆、100周年纪念广场、旧主楼以及包括图书馆的校园北侧的地区作为"学院公园"，进行一般性开放，并在全地区进行树木的种植以及广场的再整理，从而借助这一行动来进行校园的再生。该校园所在的米泽市在山形县内也算是雪最多

的地区，冬季从西北吹来强劲的偏西风。以积雪为前提，该建筑建有钢格板的地上屋顶。作为抵抗偏西风的对策，在较深的屋檐和入口部分设有防雪壁。另外，外周部的罗汉柏的护墙板具有从积雪中保护外墙的"雪栅栏"的功能。从2010年秋天开馆以来，虽然经历过前所未有的大雪和地震，建筑物仍然平安无事。　　　　　　　　　　　（高宫真介）

由基地北侧眺望。

由入口大厅眺望。内部尺寸为8.5m的正方形房间的墙壁被向2层延续的楼梯包围着。楼梯平台的板坯厚260mm。地板材料为天然石板。

西侧立面。外部四周由间隔8.5m配置的直径190mm的钢管所支撑。其截止到屋檐的高度为8.5m。

南侧立面。

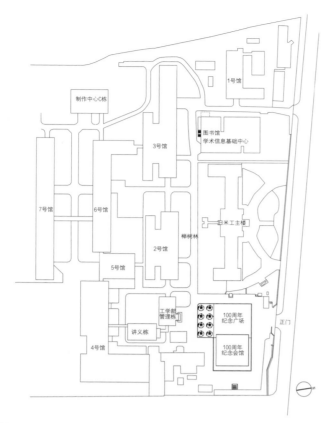

总平面图　比例1/3000

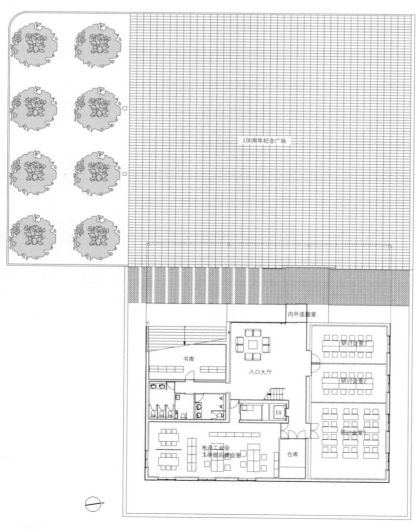

1层平面图　比例1/400

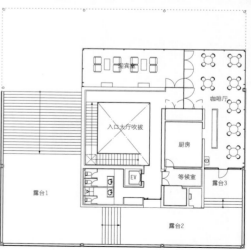

2层平面图

由1层露台眺望。地面为混凝土抛光做法（PCP工法）。

由2层迎宾室眺望。

由1层研讨室眺望。

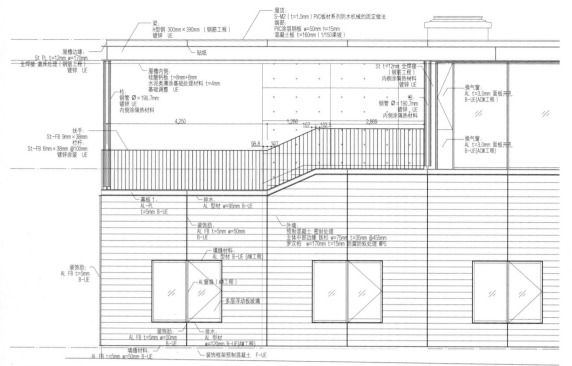

外墙详图　比例1/100

设计　建筑　高宫真介/规划·设计工房
　　　构造　Structured·Environment
　　　设备　知久设备计划研究所
　　　照明　岩井达弥光景设计
施工　米木建设
用地面积　97456.07m²（校园用地面积）
建筑占地面积　650.25m²
总建筑面积　658.38m²
层数　地上2层
结构　钢筋混凝土结构 部分钢结构
工期　2010年4月—2010年9月
摄影　日本《新建筑》写真部
翻译　马振薇

外墙环绕细部

　　屋顶为300H型格子钢梁。扶手为StFB9mm×38mm镀锌钢管，聚氨酯树脂类涂装。外墙为预制钢筋混凝土，外侧设有作为"雪栅栏"的罗汉柏护墙板，上做防腐防蚁处理。外部楼梯、露台的地面为抛光混凝土做法（PCP工法），上涂二氧化硅类浸透性防吸水剂以及氟化有机硅树脂类防污剂。

（高宫真介）

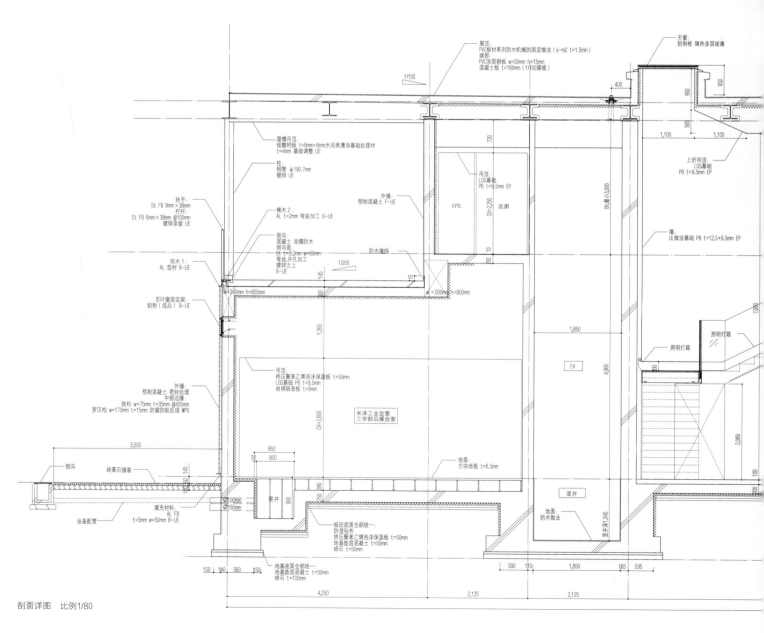

剖面详图　比例1/80

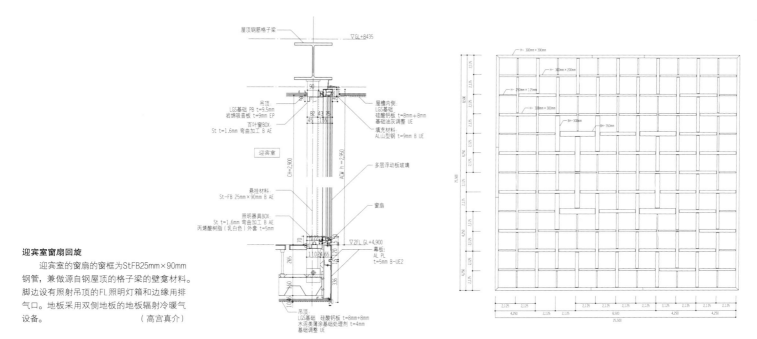

迎宾室窗扇回旋

　　迎宾室的窗扇的窗框为StFB25mm×90mm钢管，兼做源自钢屋顶的格子梁的壁龛材料。脚边设有照射吊顶的FL照明灯箱和边缘用排气口。地板采用双侧地板的地板辐射冷暖气设备。
（高宫真介）

窗扇详图　比例1/30　　　　　　　梁配置图　比例1/400

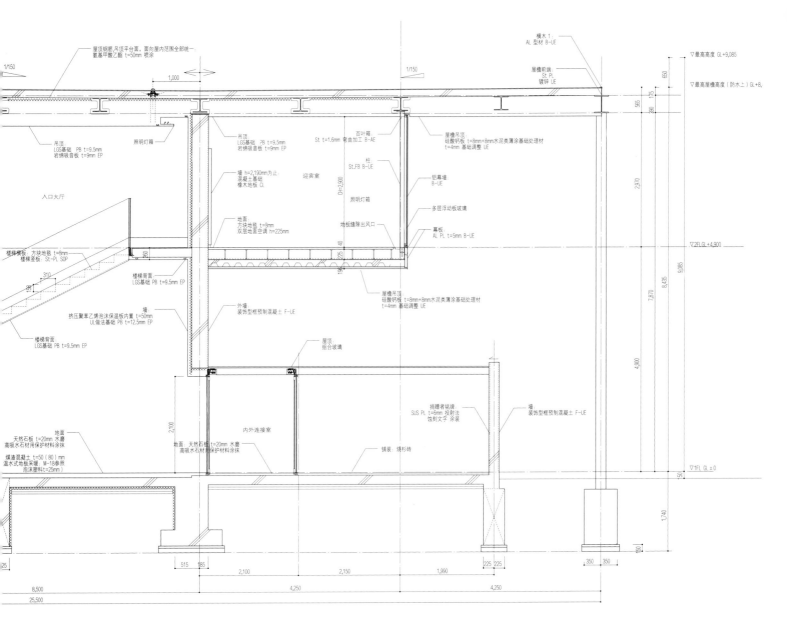

屋久岛信使

设计 堀部安嗣建筑设计事务所
施工 平川住建
所在地 鹿儿岛县熊毛郡
YAKUSHIMA MESSENGER
architects: YASUSHI HORIBE ARCHITECT & ASSOCIATES

分离房屋。该房屋距离主屋6m左右而建。吊顶高1960mm。包围在建筑物四边的石墙为细碎的页岩堆积而成。地面为随机粘放的页岩。

由主屋穿过中庭眺望分离房屋。可以看到105mm见方的独立柱子，主屋吊顶的装饰屋顶敷层，椽子也是柳杉。

分离房屋的吊顶为厚15mm的凸凹纹路做法的柳杉。吊顶高1960mm，屋檐高2730mm。

左边为主屋，右边为分离房屋。

夹着中庭的2栋房屋并排而立。主屋屋檐高约3800mm，分离房屋屋檐高约2800mm。

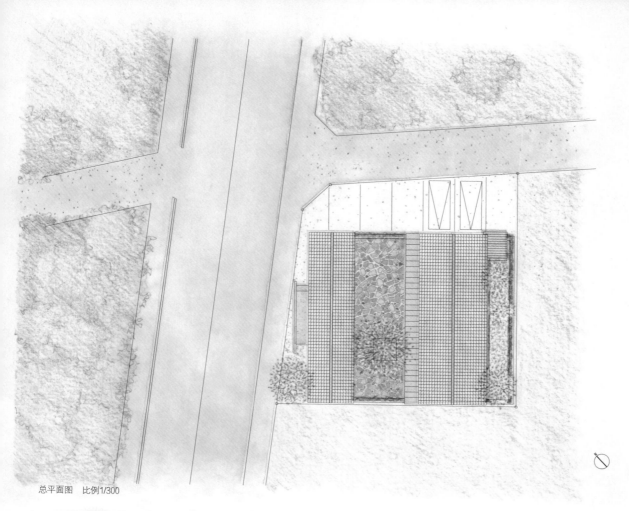

总平面图　比例1/300

设计　建筑·设备　堀部安嗣建筑设计事务所
　　　结构　山田宪明
施工　平川住建
用地面积　331.00m²
建筑占地面积　99.22m²
总建筑面积　55.74m²
层数　地上1层
结构　钢筋混凝土结构　木结构
工期　2010年2月——2010年7月
写真提供　堀部安嗣建筑设计事务所（特殊标记
　　　除外）
翻译　马振薇

分离房屋西侧入口。

西侧外观。门边围墙为柳杉框架预制混凝土。

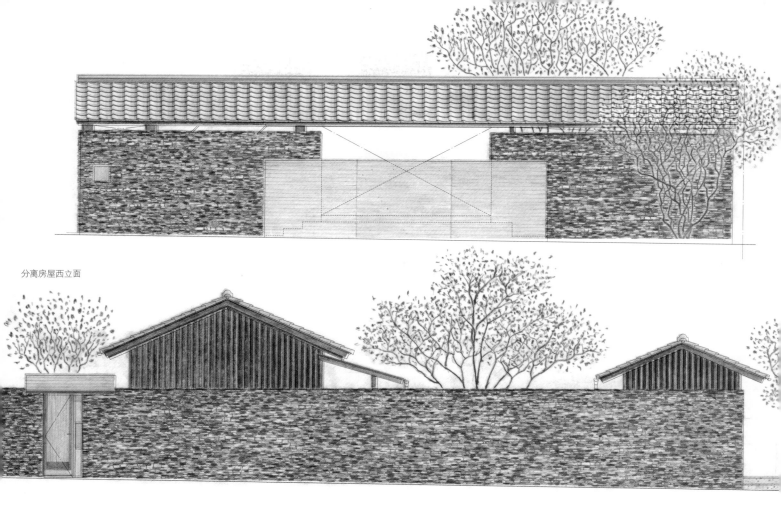

分离房屋西立面

北立面　比例1/80

必然的建筑存在方式

我们与屋久岛有缘，这项工作是继《屋久岛之家》（日本《新建筑》住宅特集0112期）和《屋久岛之家Ⅱ》（同0608期）后的第三个项目。

从现在向前追溯11年，在进行第一个工程的现场监理工作时居住的岛上的旅馆中，我们遇到了东京来的观光客。自此将近9年以后，突然从那位游客处传来了这样的消息："我将要搬家到屋久岛，并在这里经营户外用品商店，我希望能够请你来设计这一建筑"。虽然工期和预算都有限，但是一想到能够和以往合作过的人才和工匠再度合作、能够活用以往在这里积累的经验、以往想要在这里展现的设想即将实现在望以及比什么都重要的是珍惜与小岛的每一次相遇等，我们便开始了这次设计。

在屋久岛进行设计，首先必须预先考虑到以下几个方面。第一，作为日本屈指可数的降雨地区，针对超过年间4000mm的降雨量所导致的强烈的湿气和白蚁的对策以及针对刮台风时等的强风、暴雨的对策。另外，尽可能地减少来自岛外和远方的物资和人力，降低运输所占的费用也是很重要的。在岛上工程建设不可或缺的事物尽可能地在岛内解决，必须做到自给自足。基地位于距离屋久岛机场不到5分钟的位置上，另外由于沿着可以称之为岛上的主要道路的县道，所以这里是岛上交通量较大的场所。虽然周围仍然存留着空

地和树林，但是这里具有今后作为商业地进行开发的可能性。因此，周围有可能被后建的建筑物所包围，也有可能就这么空着，无论是哪种结果，我们都在追求一种能够使建筑在未来环境中立足的设计。另外，不仅是户外用品商店和土特产的销售，这里也可以成为岛上的休闲及娱乐的据点。为了使其成为能够应对各种各样的活动、企划的场所以及使得该建筑的空间与屋久岛的气氛和风景相符，我们同时也关注着能够反映来自这样的客户端的要求。

首先，用在岛内采集的石头堆积成的石墙包围在基地周围，在该石墙上建造木质的屋顶。为了从湿气和白蚁的危害中保护木造部分，并且从刮台风时等的强风中保护建筑物，我们经过考虑最终采取了这种简单的解决方法，即创造出周边环境变化无法左右的强悍的建筑。另外，围墙所包围的中庭远离了县道的喧嚣，成为适宜各种各样的活动和仪式的场所，而且我想石墙的外观也能够融入到屋久岛的大环境中。

现在，人们在都市中进行设计的时候，眼花缭乱于多样的工法、技术、材料并重复选择、制作的例子很多。但是对于离岛的地理、气候来说，基本没有进行这样选择的余地。我们认为，对于在都市中很难表现出来的"必须这样做"的必然的建筑，离岛的设计隐藏了能够表现其存在方式的可能性。

因此，为了这一表现方式，我们能够做到的、必须做到事情就是使用该场所所限定的技术和材料，探寻呼应美丽且严峻的大自然的方法，寻找适合人类活动的尺度和比例，从最初的本质上使设计满足人们对建筑的向往。　　（堀部安嗣）

上图：《屋久岛之家》（日本《新建筑》住宅特集0112期）下图：《屋久岛之家Ⅱ》（同0608期）

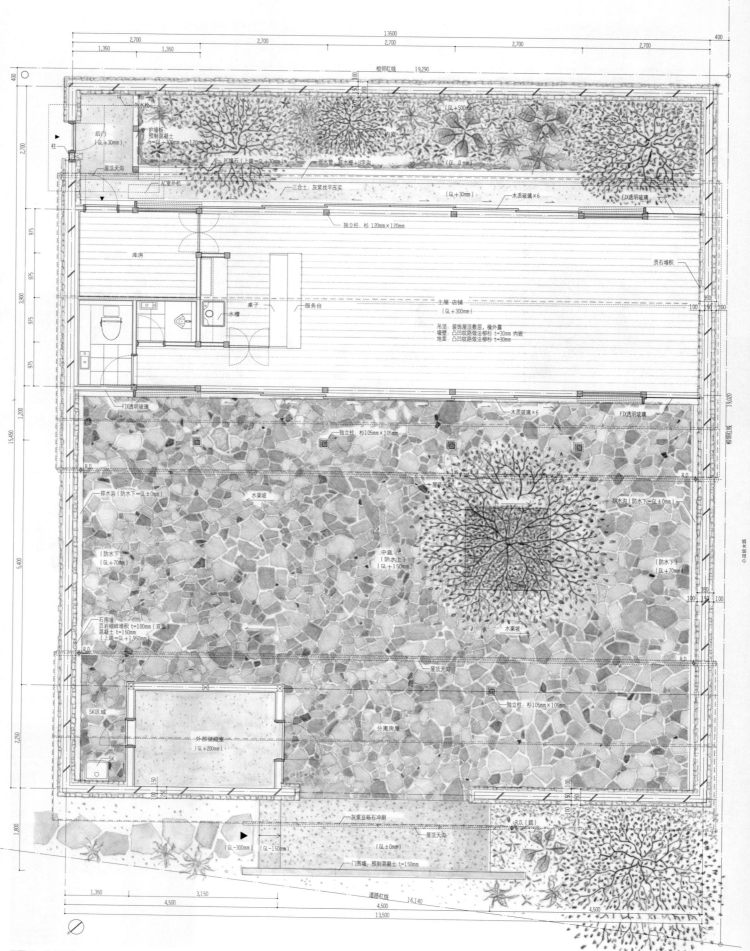

平面图 比例1/80

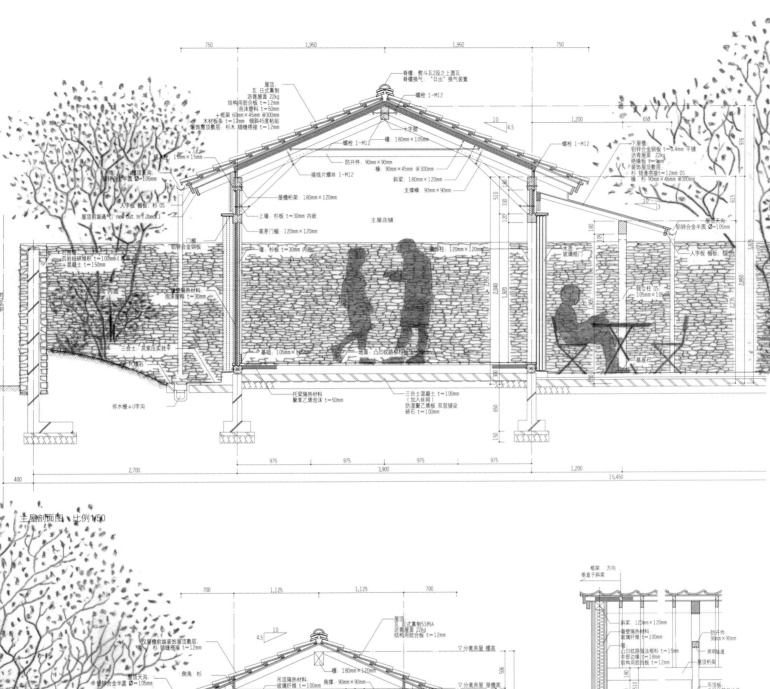

主屋剖面图　比例1/50

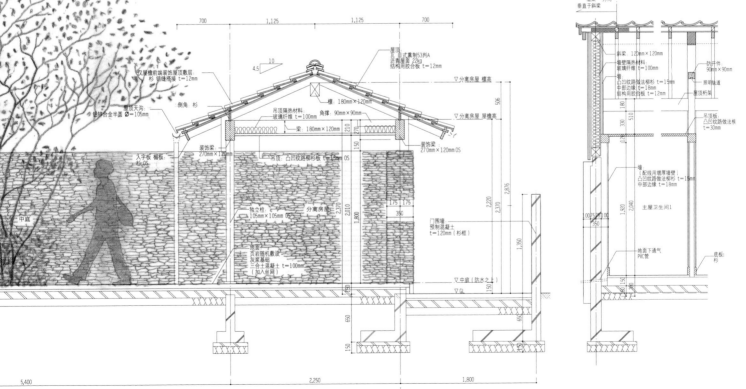

分离房屋剖面图　比例1/50

外部储藏室剖面图　比例1/50

细致精密的图面描绘在屋久岛强大的
自然环境中起不到任何作用。而生活在自
然的压倒性的小岛上的工匠们所采用的方
法，即尽可能地以较大的线条和文字粗略
易懂地描绘图面的方法，才能够真正地传
达我们正确的想法。
（66～67页标题：堀部安嗣）

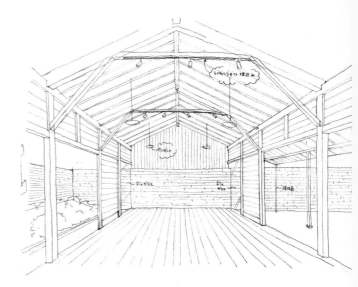

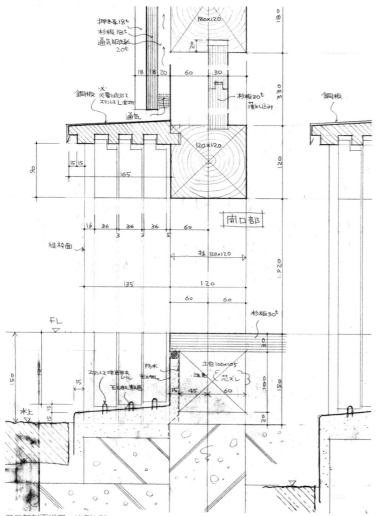

主屋室内草图。
　　这是与框架详图一起交给工匠们的室
内草图。草图描绘了柳杉板的柱间墙的位
置、石墙的连续部分和木质部分的关系、
护具和防开材料间的关系等，争取做到没
有遗漏和错误。

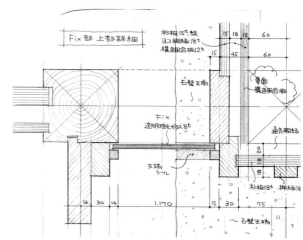

开口部剖面详图　比例1/60
　　以刚刚够的信息量用心描绘的注意点明确的图面。由于是指导木
匠的图面，所以门窗隔扇的详图只描绘了隐框。隐框门的细部已无法
比这个再简单了。

FIX玻璃部分平面详图　比例1/60

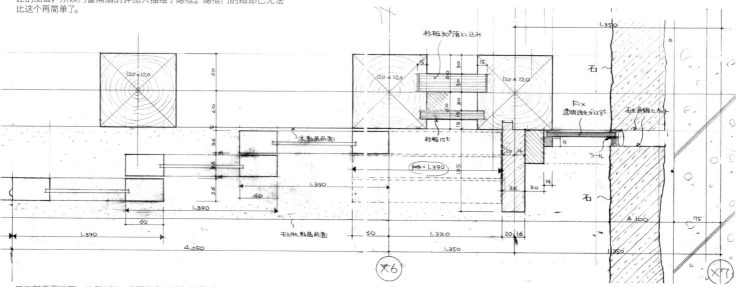

开口部平面详图　比例1/60　该图为表示柱间墙的详细尺寸，门窗隔扇的门宽的限制方法，室内外连续的石墙和玻璃门的连接等。其中也包含左右
相反的部分，相同的细部在四处重复使用。考虑设计出以最小限度的劳动力实现最大限度的细部效果。

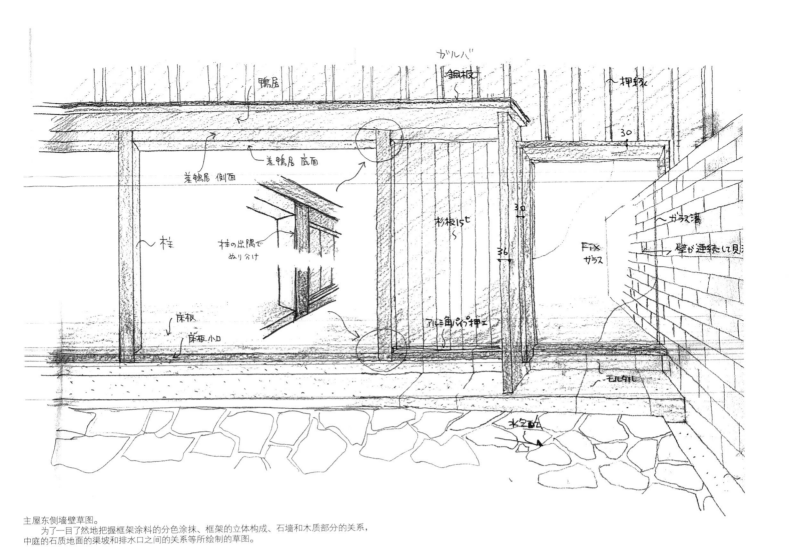

主屋东侧墙壁草图。
　　为了一目了然地把握框架涂料的分色涂抹、框架的立体构成、石墙和木质部分的关系，中庭的石质地面的渠坡和排水口之间的关系等所绘制的草图。

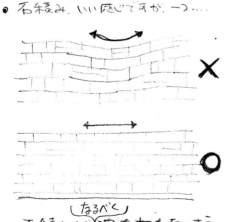

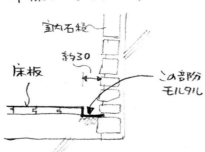

指导石墙堆放的草图。
　　该草图以简单明了的方式绘制出了对岛上众多的工匠所参与的石墙堆放的期望和注意点。对于木地面和石墙之间连接的难点，在施工阶段以最轻松单纯的方式通过细节来解决。

真壁传承馆

设计　设计组织ADH
施工　五洋建设
所在地　茨城县樱川市
MAKABE DENSHO-KAN
architects: ADH ARCHITECTS

建于茨城县樱川市真壁町的多功能复合设施。外墙是兼具结构作用的钢板，白色部分是隔热涂层上刷光触媒涂料、贴杉木合成材。

中庭。中庭石材采用"真壁石"（译者注：日本茨城县出产的一种花岗岩）

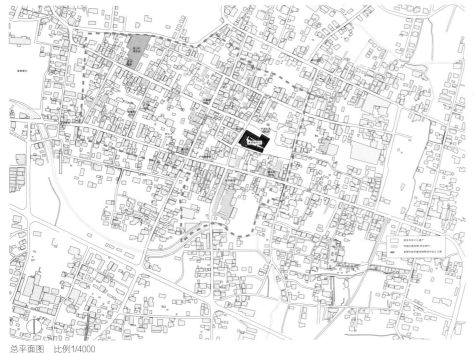

总平面图 比例1/4000

草之广场。外墙材料的变化表现了营地遗构的痕迹。

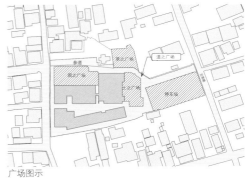

广场图示

在街区中心创造"场"

地段位于历史街区旧真壁町的中心。人流如织，是真正的街区中心。从景观设计的角度看场所性非常强，地段原有的停车场、公园和旧文化馆至今都是街区的重要标志。

将它们全部解体，重新布局使单体空间相互紧密联系，再用"道之广场"连为一体。其自身创造出丰富的停留空间，还将原有街道及旁边的神社融成一体，也整合了分散布局的各建筑功能（大厅、图书馆等）。例如，祭祀活动时的停车场也可作为礼堂和神社共用的广场。这是一个将各种城市功能高度集中的"场所"。可眺望公园的室内，阡陌纵横的"道之广场"，礼堂前的小绿篱，关系紧密、相邻互补的各个空间在街道中显得十分和谐。

（长谷川浩己/on-site计划设计事务所）

★动画见 **新建築** Online
http://bit.ly/sk_online_movie

西侧外观。

图书馆1层。会议室楼的墙厚约100mm。地板是厚9mm的钢板和混凝土合成的。

西立面　比例1/600

图书馆北立面

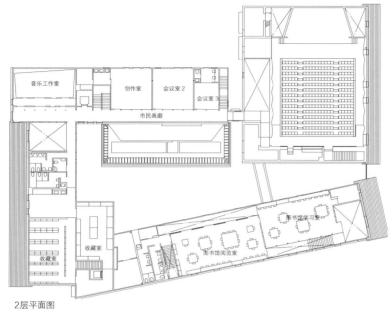

音乐工作室

创作室　会议室2

会议室3

市民画廊

图书馆学习室

收藏室

收藏室

收藏室

图书馆阅览室

2层平面图

设计　建筑　设计组织ADH
　　　结构　OAK结构设计
　　　设备　环境工程
　　　　　　科学应用冷暖研究所
　　　景观　ON SITE计划设计事务所
施工　五洋建设
用地面积　3271.49m²
建筑占地面积　1728.84m²
总建筑面积　2742.64m²
层数　地上2层
结构　带钢板的钢架结构
工期　2009年11月—2011年6月
摄影　日本《新建筑》写真部
翻译　张光玮

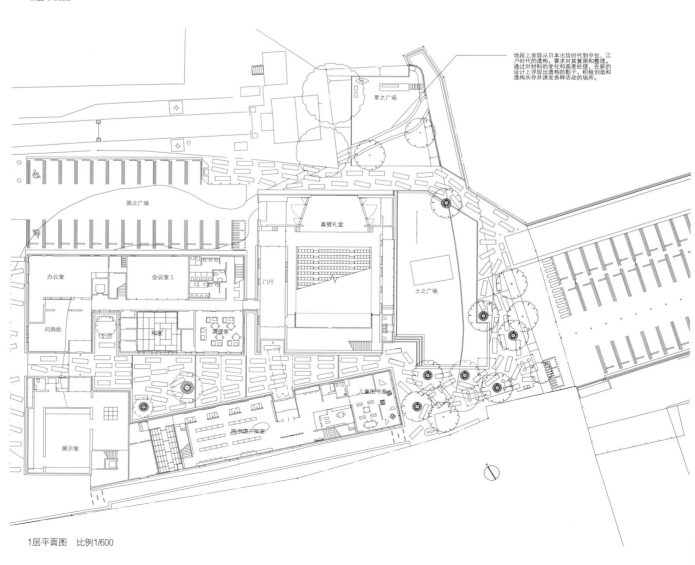

地段上发现从日本古坟时代到中世、江户时代的遗构，要求对其复原和整理，通过对材料的变化和高茎处理，在新的设计上浮现出遗构的影子，积极创造和遗构共存并诱发各种活动的场所。

草之广场

固之广场

真壁礼堂

土之广场

办公室

会议室1

门厅

问询处

和室

调理室

儿童图书室

展示室

图书馆开架室

1层平面图　比例1/600

图书馆北侧夕阳西下。

2层图书馆阅览室。

左图：和门厅相连的2层市民展廊。/中上图：1层展厅。
中下图：真壁礼堂。/右图：门厅。地面是真壁石樱川砂水刷。

关于样本和组装手法

　　柯林·罗在《拼贴城市》(SD选集，鹿岛出版社)中描述了作为"预言性剧场"的建筑和作为"记忆性剧场"的建筑。20世纪的建筑的贡献多见于"预言性剧场"，而关于"记忆性剧场"的方面比较少。同时具有"记忆性"和"预言性"两个互补关系的建筑是不是不可能呢？

　　日本现在非常关注保护城市与街区景观，因此日本的各个城市都会面对这个话题。樱川市真壁地区被列为日本传统建筑群保护地区，区内保留了很多传统建筑，在其中心建设这样一个设施，更是不可避免。幸运的是，樱川市已经有了《真壁街区传统建筑群保护对策调查报告书》(河东义之，藤川昌树编，樱川市教育委员会)这样优秀的报告书，我们多次调研都对照着报告书，对真壁市从近世到昭和时期的传统建筑有了深入的了解，包括他们在城市中的分布，见世藏、土藏、石藏、纳屋等多种多样的类型[译者注：见世藏、土藏、石藏、纳屋都是日本传统民居中"藏"(意为"仓库")的不同类型，见世藏指开口较大的商住型房屋；土藏、石藏主要从材料上区分；纳屋多指渔民或河岸商人的仓库]，作为城市重要景观要素的药医门、长屋门等传统大门及墙板(译者注：药医门和长屋门是日本传统建筑中大门的不同形式。药医门类似于双坡抬梁式独立山门；长屋门是在长形建筑某一开间上开的门)。收集到的这些建筑和元素(样本)供新设施的设计需求组装，希望使建筑潜在的空间连续性变为可能。柯林·罗提倡从城市文脉中挖掘建筑形态，所谓"文脉主义"，样本与组装的手法，我认为和阿尔多·罗西的《城市建筑》中提到的"集体记忆"(collective memory)也有异曲同工之妙。

　　但是，在实际操作过程中却困难重重，为了采样我们请政法大学的高村雅彦教授(建筑历史)帮忙测绘，将市内20多个建筑图纸化。然而，把各种充满历史信息的建筑细部抽象成形态体量是否真的唤起了"集体记忆"呢？如果将原址保留的中央公园变成儿童乐园或者每年作为祭祀场所设施，以这种方式来寄予城市集体记忆的更新，对建筑是否就没什么期待了呢……各种疑问冒出来，总之，我们想要建造一个有用且并非传统建筑的复制品的建筑。外墙保留了"样本"的基本形状，饰面是空贴涂成黑茶色的杉木板和白色隔热材料粉刷两种。

　　组装手法有效地赋予建筑平面布局以灵活性，在基本设计阶段召开了多次市民公共活动。2008年3月第一次活动期间与30位市民代表共同探讨了总平面布局。当时三组分开讨论的小组给出的提议竟然惊人的一致，最后总结出几个原则，指导了设施的总体布局，即将神武天皇参拜所边上作为开放广场(祭祀活动集散地)、设置贯穿东西的内部道路、中央广场维持原公园规模。

　　（渡边真理+木下庸子）

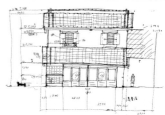

1.采集了町内26栋建筑(样本)。上图：町内现存传统建筑/下图：测绘手稿。

2.小组讨论总体布局，用26栋建筑的体量模型来组装。
上图：小组讨论时的B案。/下图：改进后的F案，和现在的设计几乎一样。

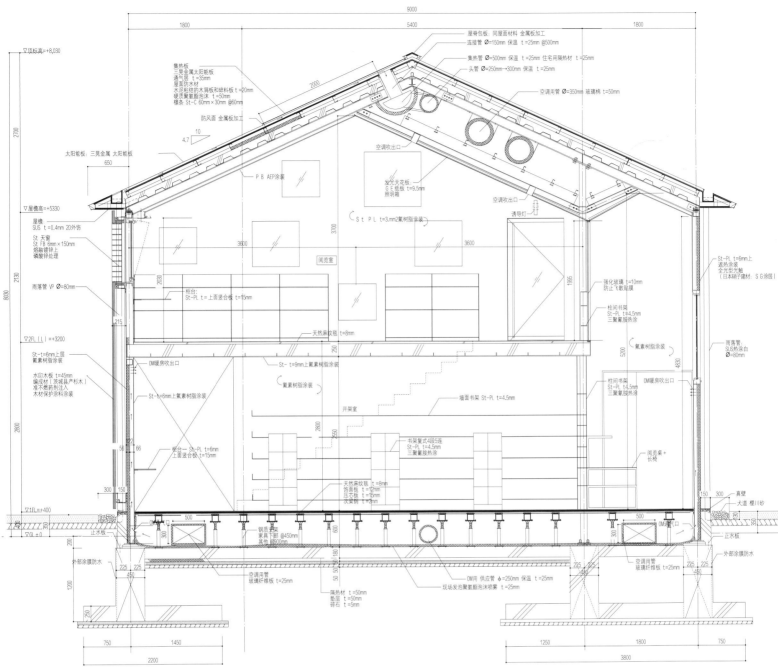

图书馆剖面详图　比例1/60

钢板结构

　　这个建筑的结构特征是外墙由加肋钢板构成。面板是抵抗地震水平力的主要结构部位，同时又作为外墙饰面或底板。钢板的厚度是6mm～16mm。面板和两侧作为边柱的槽型钢合为一个单元。钢板单元在工厂预制后运到现场，嵌入支撑竖向负荷的扁钢，再以螺栓连接各单元的钢槽。内侧墙的钢板预留孔洞，可在外墙钢板喷涂聚氨酯泡沫后，借螺栓从室内固定柱梁。底板为厚9mm的钢板与混凝土叠合。作为柱芯材的扁钢上安装的节点板和栓钉组合，将底板的竖直力和地震力传到了扁钢柱子上。

（新谷真人 / OAK结构设计）

左图：用作底材或饰面材的钢板。/ 右图：现场组装的扁钢作为芯材组装成单元。

卢内斯音乐厅 旧日本银行冈山分行II期改造

设计 佐藤建筑事务所 / 冈山县设计技术中心
施工 协立土建 本原兴业 成好设备工业
所在地 冈山县冈山市
THE FORMER BANK OF JAPAN, OKAYAMA BRANCH, RENAISS HALL SECOND CONVERSION
architects:SHOHEI SATO & ASSOCIATES/OKAYAMA SEKKEI GIJYUTU CENTER

从南侧看。本建筑位于冈山市，为旧日本银行冈山分行的金库改造而成的音乐厅和展厅等组成的设施。
1期的室内音乐厅由左侧的主楼改造而成（日本《新建筑》0510期）。中央为1期工程时期恢复旧有建筑形成
的中庭。金库是十分坚固的建筑，因而保存了其主体结构部分不作修改。

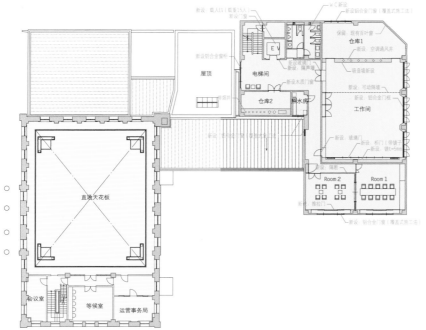

2层平面图

旧有2层平面图

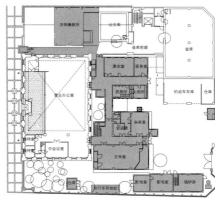

1层平面图　比例1/500（蓝色文字为新建部分，橙色为保留的部分）

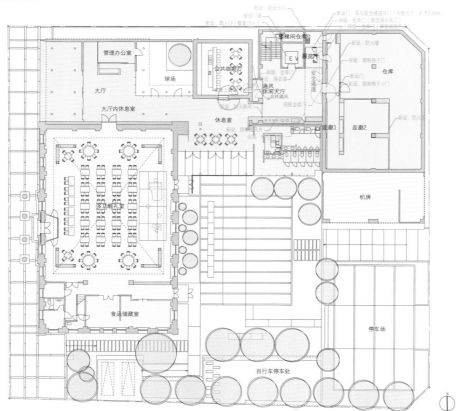

1层平面图　比例1/500（蓝色文字为新建部分，橙色为保留的部分）

主楼改造

上图：从基地西侧看。下图：多功能厅内部。

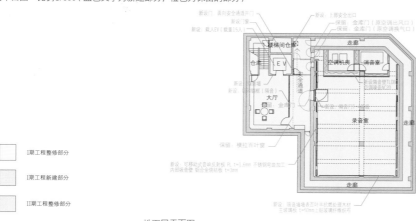

	I期工程整修部分
	I期工程新建部分
	II期工程整修部分

地下层平面图

从1层大厅看。过去的金库门被原封不动地沿用。　从1层的展厅1看。

从2层工作室看。天花板高2600mm。结合旧有梁架的形状设置了照明设备。丝柏铺地。

从1层的展厅0看。金库门成为了展厅的出入口。

从地下1层的工作室看。此处可作练习室和录音室。天花板高2600mm。在有限的空间中确保了工作室的功能。两侧的吸音板可以移动，根据使用用途可作调整。

历史遗产的新社会职能

2005年的主楼改造（"卢内斯音乐厅"旧日本银行冈山分行改造，日本《新建筑》0510期）之后经过了6年，才终于完成了夙愿的Ⅱ期工程。

日本大正11年（1922）竣工的旧日本银行冈山分行主楼是长野宇平治的作品，免于战祸的这一建筑作为地区的珍贵历史遗产而备受重视。"旧日本银行冈山分行促进会"于平成11年（1999）成立，在规划到实施的过程中政府与市民的通力协作，依靠市民的力量开拓了历史遗产保护与再生的道路。工程竣工以来，音乐厅的运营虽逐渐步入轨道，也在市民中获得了广泛的肯定，但依然只是半成品。"促进会"设立以来经过十几年的努力，经营方同时也是市民们翘首期盼的金库改造，在严峻的经济形势下获得预算支持，终于得以竣工。

日本昭和41年（1966）建设完成的金库是一座非常坚固的建筑，耐震指标的Is值十分出众（参见本页）。因此，本案保留了其主要结构部分，拆除设备井，对建筑躯体作最小限度的修改。在与政府相关部门的协议中，确立了将其作为基准法中"用途变更"建筑进行处理的方针。整备内容为，为以地区艺术家为中心的人群提供练习及作品展示的交流场所，并成为培养各层面艺术文化人才的基地。

地下一层为配合主楼室内音乐厅功能设置的练习室和录音室，一层为艺术展厅，二层改造为可供各种团体使用的工作室。方案的整体构成可以归纳为：与通行轴线正交且平行布置多重层状空间。从玄关到大厅，从走廊到内院，从休息室到中庭，还有延伸到展厅0、展厅1、展厅2的平行层状空间一层一层引导着来访者，为其提供了丰富的空间体验。

由"促进会"主要成员组成的NPO法人冈山艺术银行（Bank of Arts），自开馆以来就接受冈山县的委托进行设施的管理、运营，并依靠自主策划事业和场馆租赁事业实施运作，并在地区的各种网络中拓展了活动圈。与作为县民文化活动场所的天神山文化广场（冈山县综合文化中心，设计：前川国男建筑设计事务所，同6207期，2005年改造）的硬件与人员的交流协作以及参加冈山市艺术祭，选定冈山文化地域设施等，时至如今历史遗产已经担当起了新的社会职能，在地区社会中站稳了脚跟。

在政府方面信任群众并充分尊重其意见的英明决策的支持下，13年来大家投入到街区建设中的热情中，培养了各行各业的人才，促进了街区的成长。硬件建设的完成并非目的，而是新的开始，我们期待设施今后得到多样化更充分的利用，并为城市激发更多活力。　　（佐藤正平）

从地下1层的前厅看。使用扩张金属的天花板。

从1期加建的休息室部分看。左边是公文库咖啡厅。

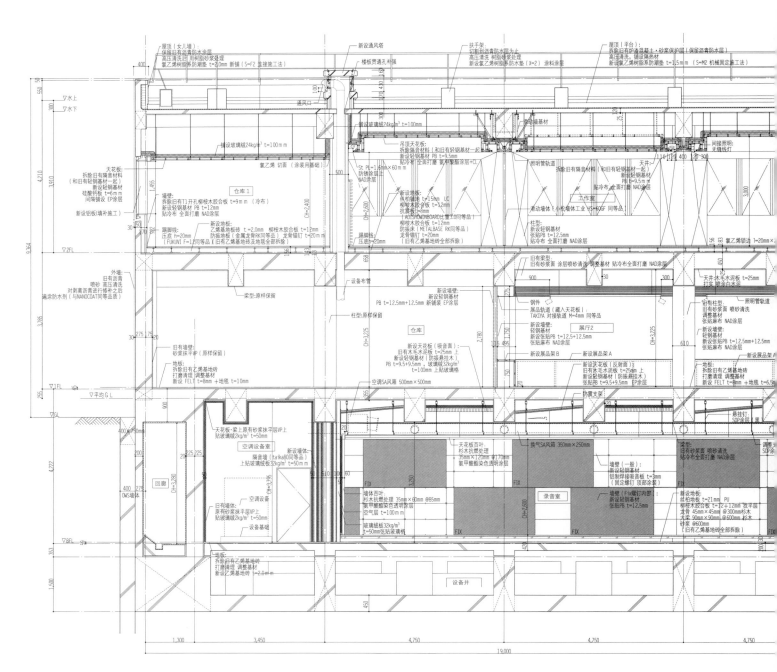

剖面细部图　比例1/100

设计　建筑　佐藤建筑事务所/冈山县设计
　　　　　　技术中心
　　　结构监修　西泽英和/关西大学・山
　　　　　　口建筑・实验室
　　　设备　供电　FUJII 设备事务所
　　　空调・卫生设备　WAKABA 设备事务所
施工　协立土建　木原兴业　成好设备工业
用地面积　2882.73m²
建筑占地面积　464.92m²（Ⅱ期）
　　　　　　　1398.44m²（全体）
总建筑面积　1364.79m²（Ⅱ期）
　　　　　　　2464.32m²（全体）
层数　地下 1 层　地上 3 层
结构　钢筋混凝土结构
工期　2010 年 5 月—2011 年 3 月
摄影　日本《新建筑》写真部
翻译　温静

总平面图　比例 1/4000

东侧。将旧有外墙的毛刷砂浆用高压水清洗之后，锚接的部分注入环氧树脂进行了改造。

地下层回廊。过去是用来防止地下渗水和防潮的空间。

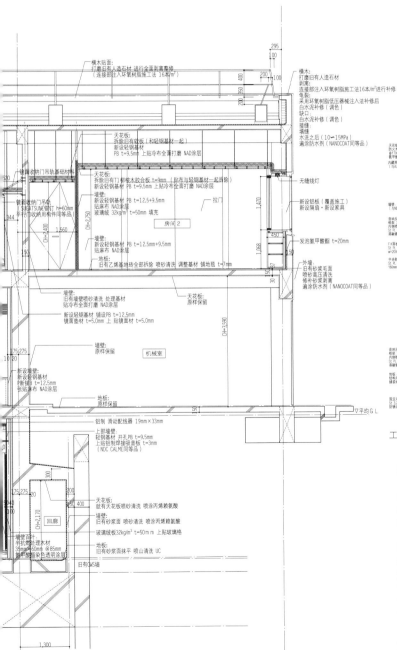

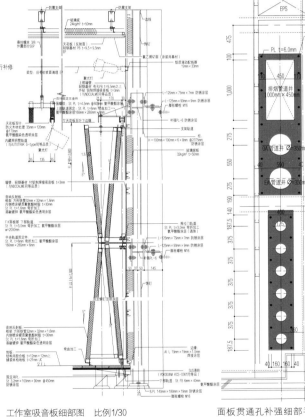

工作室吸音板细部图　比例 1/30

面板贯通孔补强细部平面图　比例 1/50

关于结构

　　经过抗震实验得出了 0.73—2.58 的 Is 值，是相当出色的数据，因此主体结构部分进行了原样保留，作为基准法中"用途变更"建筑来处理。

　　有意见指出，在竣工时结构计算书不明的情况下，大的结构改造在程序上无法通过。而避免同时对各层增加荷重，和避免对建筑各框架结构产生不利影响，是对"用途变更"建筑进行改造的条件。这样一来就省去了应对建筑基准法第 20 条的论证或是附上图文说明。

　　在日本昭和 42 年（1967）本建筑完工之后，由于建筑基准法所作的修改，竖井规划（当时无规定）和柱子的钢筋间隔（当时 200mm）已经无法满足新规定。本案采用结构体不作改动而变更用途的方法，依

照基准法 87 条第 3 款对现有不符合规范建筑的缓和制约，避免了与现行法冲突。

　　通过拆除屋顶的防水混凝土层获得了剩余重量，再针对包括各层新筑墙体、供电设备、机械设备等的固定荷重，以抵消的计算方法逐一进行确认之后实施设计。此外，还考虑了旧有功能被改变之后承载负荷的增减值。

　　对墙体、楼板的开孔尽可能控制在设备需求的最小限度，在开孔时探测钢筋，把旧有墙体内的钢筋切断降低到最低限度。贯通孔采用的补强方法是，用 SUS 锚栓固定铁板，再用水泥浆或无收缩砂浆来填补缝隙传递应力。

（佐藤正平）

高松丸亀町商店街
一号街、二号街、三号街拱廊

高松丸亀町商店街B·C街区小规模连锁型重新开辟事业

统筹　福川裕一　西乡真理子+SHEEP·NETWORK城市建设公司
设计　SHEEP·NETWORK城市建设公司(二号街、三号街)
　　　JSD(拱廊)
施工　大成建设
所在地　香川县高松市
TAKAMATSU MARUGAMEMACHI SHOPPING STREET ARCADE
architects: SHEEP NETWORK · JSD

从主街看二号街的拱廊。选用了遮光性良好的10mm＋10mm强化复合玻璃并采用DPG施工方法。最大高度20 200mm，支撑分层屋顶的立柱，分为旧有建筑的不锈钢独立型，和再开发建筑上的立体桁架。在强风时防止雨水侵入细部。(参见90页)

广场街拱廊屋顶框架。每隔一间抬起一块屋顶，实现了防火和通风。以树木枝叶为设计意象的柱子和玻璃，是重视透明性的设计。柱子上设置LED反光式照明。

统筹　福川裕一　西乡真理子 + SHEEP·NETWORK 城市
建设公司
二号街、三号街
设计　建筑　SHEEP·NETWORK 城市建设公司
　　　结构　二号街：MUSA 研究所　大成建设四国分
　　　　　　部设计部　三号街：大成建设四国分部设
　　　　　　计部　JSD　MUSA 研究所
　　　设备　二号街：System Consultant　市川·河合
　　　　　　电气设计事务所
　　　　　　三号街：环境 engineering　日本空调中心
施工　大成建设
用地面积　二号街：1018.23m²
　　　　　三号街：2730.84m²
建筑占地面积　二号街：839.80m²　三号街：2389.32m²
总建筑面积　二号街：2841.10m²　三号街：13144.44m²
层数　二号街：地上 4 层　阁楼 1 层
　　　三号街：地下 1 层　地上 9 层　阁楼 1 层
结构　二号街：钢结构　三号街：钢筋混凝土结构
　　　钢结构与钢筋混凝土结构
工期　2008 年 10 月—2010 年 3 月
拱廊
设计　JSD
设备　EOS plus
施工　大成建设
用地面积　1651.48m²
建筑占地面积　1651.48m²
总建筑面积　1366.04m²
层数　地上 1 层
结构　钢结构
工期　2010 年 7 月—2011 年 3 月
写真提供　SHEEP·NETWORK 城市建设公司
翻译　温静

左图：二号街。从主街看 3 号馆立面。
右图：二号街。俯瞰主街。

设计准则和生活方式的品牌化

日本《新建筑》2007 年 12 月介绍了高松丸龟町商店街的再生事业，以 "逐渐进步的街区、持续进步的街区" 为标语的事业在那之后也在循序渐进中。继一号街之后，二、三号街实施了小规模连锁型再开发，随着二号街 3 栋和三号街 3 栋玻璃拱廊的完成，建设完成了与主街形成一体感的公共空间。

丸龟町到战前为止，主街两侧都是开间窄小但纵长的基地，曾分布着许多由正房、中庭、偏房和仓库组成的商家。高度发展期重建了许多大楼，其上层大多被用作仓库。这些大楼都临近使用期限急需重建，但以基地为单位各自重建很难有良好的发展。因此有了将大楼公有化，与上层的住宅一起进行开发利用的提案。这样一来，如何将历史的街区和道路围合起来聚集人气，并继承发扬其与住宅共生的商业模式，就成为了摆在我们面前的一大课题。最终，确定了用适应主街尺度的建筑围合 "道路宽度与建筑高度（D/H）"，将过去的中庭抬高至 2 层 "积极的外部空间 = 中庭型"，使建筑各层与街道直接相连从而确保人气 "外部楼梯" 的设计准则。

对于地方城市中心街区的再生事业来说，在创造富有魅力空间的同时，地区还必须要具有独立经营商业的能力。高松丸龟町以 "生活方式品牌化" 为理念，创办了一个个具有丸龟町独特魅力的店铺和设施。在二号街里，专家、对地区抱有感情的企业家、提供经验技术的外地企业家、

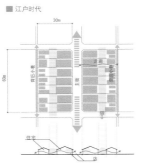

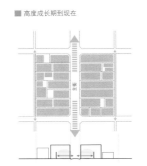

高松丸龟町商店街再生事业　概念图

农民、开发商等一同创立了 "LLP 自然风格"，并开办了使用当地食材的自助餐厅、意大利餐厅、熟食店、铁板烧店、无农药食品店等等。三号街东栋的 2 层，赞岐生活方式研究所创办了叫作 "街区 963 学派" 的店铺，高松市出身的石村由起子因创立 kuruminoki 而闻名，这里集中了她设计的日本全国的商品，提倡地区特有的生活方式。隔着中庭与苹果店协办的赞岐交流中心也即将开业，将成为新的交流平台。此外，新型医院 "美术馆北大街诊所" 对面的西馆 3 层，将开设成为以育儿设施为核心的儿童楼层。

这些都由城建公司作为新公共的主体进行着事业的推进并承担着地区管理的职能。在高松丸龟町，与开发型的城建公司一起，赞岐生活方式

研究所这类制作型的公司也活跃在舞台上，推进再开发事业的同时培养着地区产业。

（福川裕一 + 西乡真理子）

一号街除了百十四银行作为日本国家记录物质文化遗产被保留，其他的街区都参与了再开发事业。而二、三号街则仅对达成协议的地区进行再开发，有参与地区也有非参与地区，因此被称为小规模连锁型再开发。

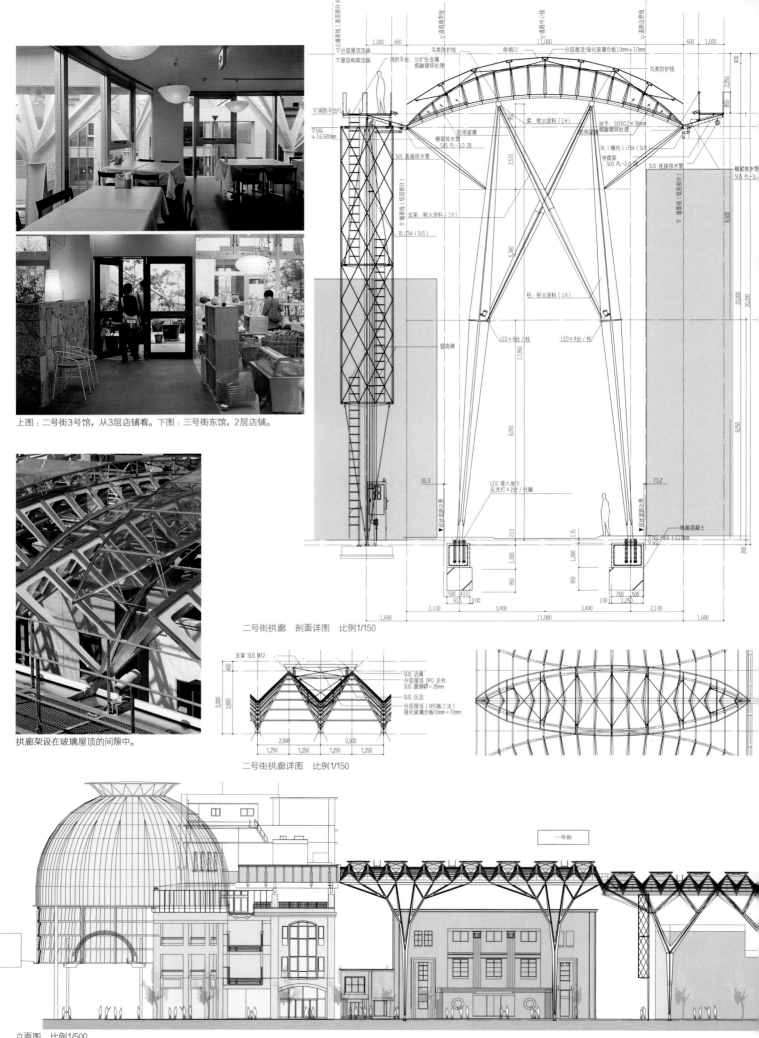

上图：二号街3号馆，从3层店铺看。下图：三号街东馆，2层店铺。

拱廊架设在玻璃屋顶的间隙中。

二号街拱廊　剖面详图　比例1/150

二号街拱廊详图　比例1/150

立面图　比例1/500

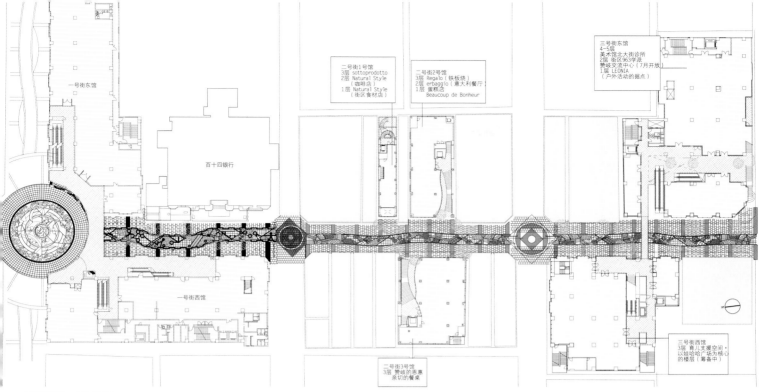

一号街东馆

二号街1号馆
3层 sottoprodotto
2层 Natural Style
1层 Natural Style
（街区食材店）

二号街2号馆
3层 Regalo（铁板烧）
2层 erbaggio（意大利餐厅）
1层 Beaucoup de Bonheur

三号街东馆
4-5层 美术馆北大街诊所
2层 街区963学派
赞岐交流中心（7月开放）
1层 LEONIA
（户外活动的据点）

百十四银行

一号街西馆

二号街3号馆
3层 赞岐的恩惠
亲切的餐桌

三号街西馆
3层 育儿支援空间·
以娃哈哈广场为核心
的楼层（筹备中）

2层平面图　比例1/1000

设计准则与拱廊

本事业以2005年制定的城市管理程序为基础进行实施。其中设计准则承担着尤其重要的作用。设计准则是在激发各个建筑个性的同时，并非单纯遵循规范，而是立足"兼顾秩序与多样性"的模式语言等城市设计的新理论而制定的。此外，制定设计准则的过程也不能脱离市民的参与。在丸龟町，市民、商店街和专家的共同协作下，实现了设计准则的切实可行。

根据设计准则，与之前的以街区为单位重建的一号街不同，二、三号街采用的是被称作小规模连锁型的随机建设，大大小小的建筑被分别重建，而后互相扶持从而提升街区整体品质。

拱廊的设计和技术

在一号街、二号街、三号街上方规划建设的跨度达11m的大屋顶，全长162m，高度21m相当于4层屋顶。过去的拱廊屋顶材料都采用聚碳酸酯材料，发生火灾时屋顶面积的约1/2会滑开形成开口。本案为了使街道具有广场般的魅力，屋顶材料选用了耐久性优良的高透明度强化玻璃，并且采用了每隔一个柱间就抬高一块屋顶的分层形式，这样所形成的间隙，能够起到通风、排烟和防止火势蔓延的作用。

分层屋顶由10mm+10mm的强化玻璃叠合组成，采用了DPG施工方法，通过确保与下层屋顶的拼接防止了强风时的雨水侵入。支撑玻璃屋顶的立柱为∅26mm的不锈钢圆柱，桁架则使用了同样材质的外观更加纤细的∅12mm钢材，使得树叶状的玻璃顶看起来给人以漂浮于空中的印象。四季通风的分层屋顶和高透明度玻璃，再加上以森林为设计意象的结构，我们致力于将这里打造为可感受自然微风与阳光的愉悦购物空间。

三种结构形式的诞生

一号街上建于大正时代的日本国家登录有形文化财百十四银行（译者注："日本国家登录有形文化财"相当于我国部分城市评选的"优秀历史建筑"的概念，比文物保护建筑所受的法律限制及财政资助幅度要小），与再开发的新街区立面和谐共生。本方案的结构规划为，在再开发建筑的4层上架设桁架，在保留建筑的前方设立2根分枝的立柱。

二号街是规模相对较小的再开发建筑和旧有建筑混杂的街区，因此采用了自立型开发模式。针对三号街的规划，则是在面对面的两栋再开发建筑上分别架设桁架，支撑起全长57m的屋顶。

（福光裕一+徐光）

二号街屋顶桁架。

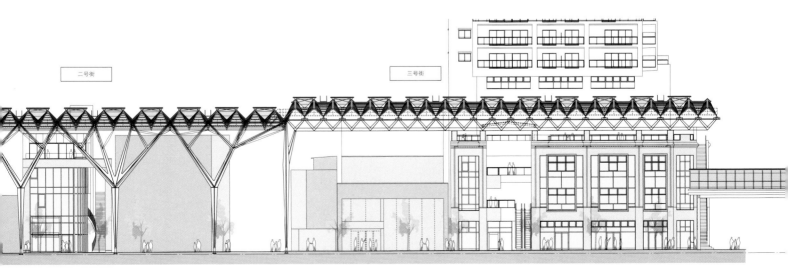

二号街

三号街

东北大学片平校区
综合教育研究楼

设计 东北大学设施部·校区计划室·综合地区设计
施工 户田建设
所在地 宫城县仙台市
TOHOKU UNIVERSITY KATAHIRA INTEGRATED EDUCATION & RESEARCH BUILDING
architects: MITSUBISHI JISHO SEKKEI

从北侧看。本工程为针对东北大学片平校区内面向北门的实验研究楼实施的部分保留与重建。保留了日本大正13年
(1924)建造的校舍外墙，在其里侧新建办公楼和实验楼，并将两楼之间的空间用玻璃顶覆盖。办公楼为钢筋混凝土结
构，实验楼为预制混凝土结构。地上5层。

两座楼间的交教空间。左边是办公楼，右边是实验楼。玻璃顶的上部设置有换气窗，利用烟囱效应
导入用然换气系统。减轻过渡期的空调负担。(参见75页)

设计　建筑　东北大学设施部·校区规划室
　　　　　　三菱地所设计
　　　结构　三菱地所设计
　　　设备　东北大学设施部·校区规划室
　　　　　　综合设备规划
施工　户田建设
用地面积　134505.37m²
建筑占地面积　2599.84m²
总建筑面积　9269.70m²
层数　地上5层
结构　钢筋混凝土结构、预制混凝土结构
　　　（PCaPC）部分钢结构
工期　2010年5月—2011年10月（含解体
　　　工程）
摄影　日本《新建筑》写真部（特别标注除外）
翻译　温静

从两楼之间的联结桥看实验楼方向。实验楼采用预制混凝土结构，实现了16m长的跨度，为将来内部空间的自由分隔预留了可调节性。

5层实验室。天花板上布置外露的设备。右边的南向阳台
上设置了用来做墙面绿化的钢丝。

3层楼高的吹拔入口门厅。在此可作研究成果的发表展示。
包括旧有墙体的墙壁总厚度为790mm。

4层休息室。在希虚都分别设置了面向吹拔的休
息室，用以促进交流。

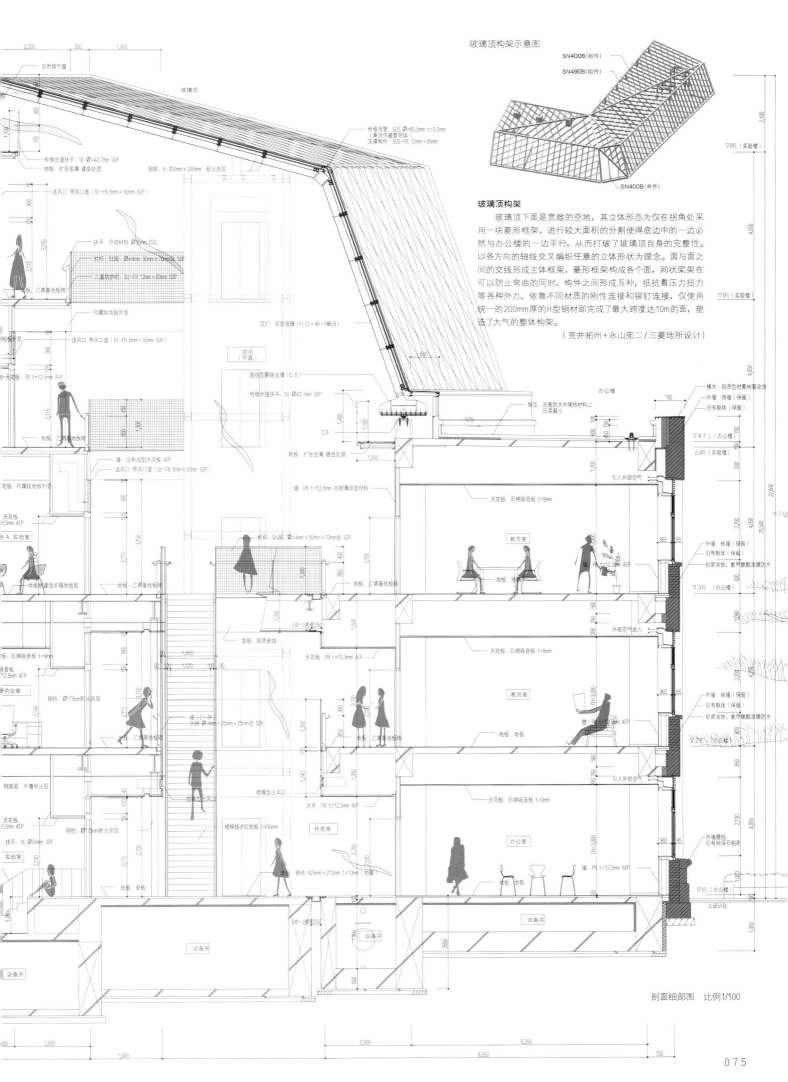

玻璃顶构架示意图

SN400B（组件）
SN490B（组件）
SN400B（单件）

玻璃顶构架

玻璃顶下面是宽敞的空地，其立体形态为仅在拐角处采用一块菱形框架，进行较大面积的分割使得底庭中的一边必然与办公楼的一边平行，从而打破了玻璃顶自身的完整性。以各方向的轴线交叉编织任意的立体形状为理念。面与面之间的交线形成主体框架，菱形框架构成各个面，网状梁架在可以防止弯曲的同时，构件之间形成互补，抵抗着压力扭力等各种外力。依靠不同材质的刚性连接和铆钉连接，仅使用统一的200mm厚的H型钢材即完成了最大跨度达10m的面，塑造了大气的整体构架。

（荒井拓州＋永山宪二／三菱地所设计）

剖面细部图　比例1/100

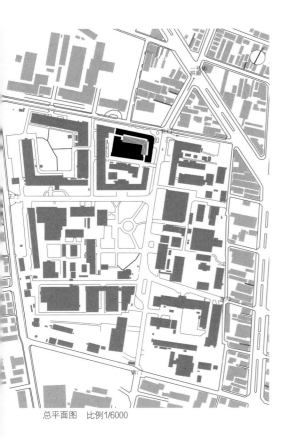

总平面图　比例1/6000

与环境相融的墙体和街道型的空地

东北大学片平校区的实验研究楼。片平校区位于仙台市中心，一号街拱廊的前方，北门周边作为街道与大学校园的接点，除了学生和教职工还过往着街道上的行人。面向北门的建于日本大正13年（1924）的这一栋砖结构建筑，用途虽几经变换但至今仍在使用（大正13年作为日本旧东北帝国工业大学工学部金属工学教室建造之后，曾用作反应化学研究所，部分还曾作为多元物质科学研究所的图书室）。此次重建致力于建设一座适应高水准实验和研究的设施。

从大正时代保存至今的古老砖墙，与从一号街延伸而来以鹅掌楸作为行道树的大街，和谐地融为一体。本案将墙体原样保留进行开发，内部则翻新添加新的机能。建筑解体后保留一面墙壁，将其与沿旧有建筑轮廓新建的躯体相结合，布置教职员室和给排水，由此实现了老建筑作为"办公楼"的重生，墙砖则尽可能不作更换。这种做法并非赋予其纪念碑的意义，而是将老建筑作为连接"迄今为止"和"从今往后"的元素予以保留。布

置实验室群的实验楼采用预制混凝土结构（PCaPC）建造了大跨度空间，为适应未来的各种实验需求预留了空间的自由度。

两楼之间是玻璃顶覆盖的空地，各层之间通过电梯和多部楼梯的纵向动线相连，两楼间的联结桥则作为横向动线，为空地内的移动路径提供多种选择。随着天气和时间带的不同，入射光线发生种种变化，玻璃顶架构的影子缓慢推移。导入自然风，再经由上部的窗户排出，整个空间内部一年四季都有自然风。在这一空间中，人们可以完全像在街道上一样自由散步、停留谈笑、放松休憩。

2011年3月11日的日本东部大地震之后不久，很多人就自发地聚集在一号街拱廊的下面，一些饭店用手头现有的食材制作便当出售，人们自发恢复的售卖蔬菜水果和粮米的市场与平日的繁华并无两样。我们希望这栋实验楼也能够成为深受大家喜爱而愿意亲近的场所。

（小野寺绅+荒井拓州／三菱地所设计）

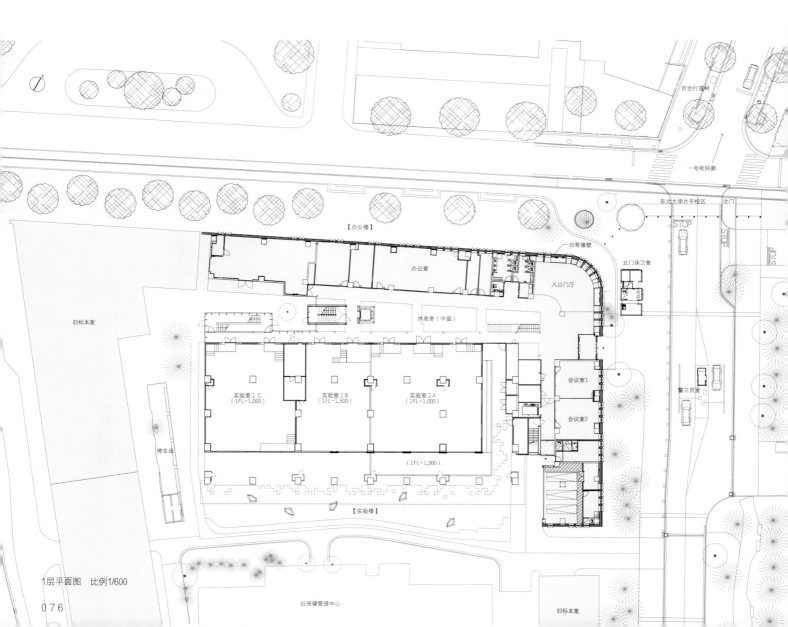

1层平面图　比例1/600

左上图：建于日本大正13年(1924)的砖墙旧校舍工程开始之前的样子。
右上图：从中庭看。
下图：施工鸟瞰图

保留下来的外墙近景。

外墙的保留

　　保留砖结构外墙，是为了直面从大正时代推移至今的真实的老化。我们对外墙进行调查研究，在有剥离脱落危险的部位打入锚钉固定，对于基材已经老化的部位则从内侧用钢件固定。基材损伤严重的部位更换了新砖，但旧有砖墙基本上没有进行清洗，而是原样保留了岁月留下的污渍和风蚀等痕迹。

（荒井拓州／三菱地所设计）

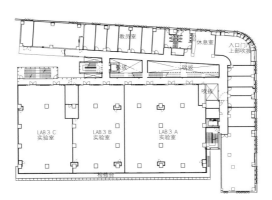

3层平面图　比例1/1000

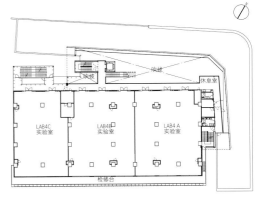

4层平面图

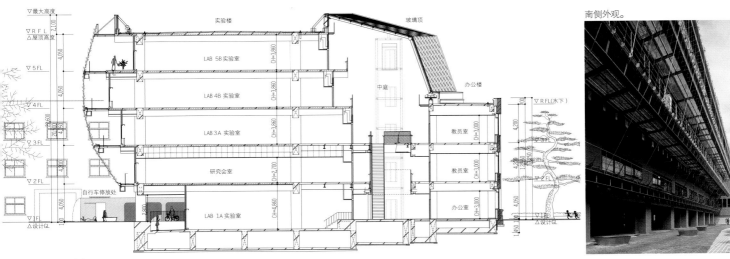

剖面图　比例1/400

南侧外观。

东北大学青叶山东校区中央
广场 中央楼

设计 山本·堀建筑师
施工 钱高组 日比科综合设备 关电工
所在地 宫城县仙台市
SCHOOL OF ENGINEERING CENTER HALL, TOHOKU UNIVERSITY
ARCHITECTS: YAMAMOTO HORII ARCHITECTS

穿过北侧的绿地看。新落成于正在进行整备再生的东北大学青叶山东校区的中心。集食堂、讲演厅、教授会议室、办公室于一体的综合设施。基地位于青叶山山脊上，山脊棱线和原有的树木大致决定了总平面和建筑的形状。本案致力于打造舒缓起伏的景观以实现"山姿再生"。

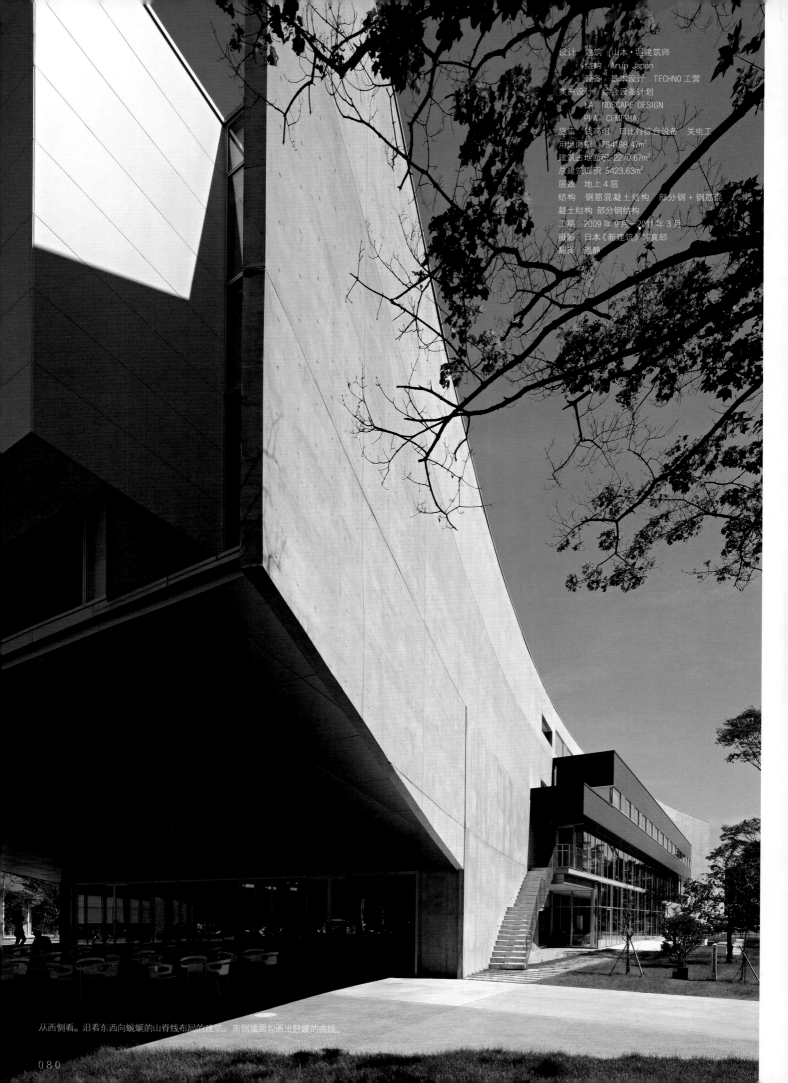

设计 建筑 山本·堀建筑师
结构 Arup Japan
设备 基本设计 TECHNO 工营
实施设计 综合设备计划
LA NDSCAPE DESIGN
PLA CEMEDIA
施工 钱高组 日比谷综合设备 关电工
用地面积 784198.47㎡
建筑占地面积 2270.67㎡
总建筑面积 5423.63㎡
层数 地上 4 层
结构 钢筋混凝土结构 部分钢 + 钢筋混
凝土结构 部分钢结构
工期 2009 年 9 月—2011 年 3 月
摄影 日本《新建筑》写真部
翻译 温静

从西侧看。沿着东西向蜿蜒的山脊线布局的建筑。南侧墙面勾画出舒缓的曲线。

从西北方向看。透过玻璃幕墙可以看到南边的赤松林。

位于大讲演厅脚下的二食堂，在西侧的10m挑檐下设置了室外茶座。在它后面的是一年前竣工的BOOOK咖啡厅（日本《新建筑》1010期）。

毗邻仙台市市区的丘陵上，在繁茂树木的环抱中坐落着东北大学工学部校园。本案意图在此打造一个能给人留下深刻印象并成为校园标志的中心空间。

我们的规划目标是实现"活化山脊风景的新山脊线建筑"和"大气的景观"。基地几乎位于校园的中央，坐落在东西方向延伸的山脊线上。沿山脊线线型布局的主楼，配以环绕在赤松林外的螺旋形B000K咖啡厅（东北大学青叶山东校区中央广场B000K咖啡厅，日本《新建筑》1010期），接纳来自校园东西设施群中的人流。

主楼由近600个座位的大食堂、包含各东部门的办公空间、讲演会议室等复合设施而成。其功能要求建筑同时拥有围合的大空间和开放的大空间。北侧一个由钢柱支撑2层楼高的吹拔回廊空间贯通东西，成为建筑的基本骨架。作为建筑的主要动线，这一空间中包含了各种活动行为。在其两端的南侧分别配置了围合的箱式大讲演厅和大会议室，中央部分的1、2层开放作为食堂空间，3、4层则作为办公空间。从结构上看，两端的钢筋混凝土箱体还是抗震的结构要素。内藏铁板的长700mm厚200mm的预制混凝土柱支撑起中

部的大空间，实现了南北方向上高度的开放性，与山脊斜面自然相接。

在向阳的舒缓山脊斜面上，人们不由地放慢脚步稍作停留，一边欣赏眼前开阔的景色，一边享受惬意的一刻。我们的设计初衷正是希望创造一个能够抚慰人们心灵的安静祥和的场所。

（山本圭介+堀启二+地引重已）

看向北侧的回廊。拥有2层吹拔空间的开放食堂，由内藏铁板的厚200mm的预制钢架钢土壁柱支撑（参见87页），实现了跨度约为28m×14m的无柱空间。楼板厚为210mm，近田其设计了照明系统。

北侧回廊。由直径165mm的钢柱作外围支撑。

左右设有出入口的3层办公室。天花板高约为5200mm。

1层食堂2。用布艺分隔空间。前方的圆形服务台为藤江和子的设计，窗帘则由安东阳子设计。

从食堂1看就餐区。右边的壁柱之间设置了成套的原创家具，营造出居家空间。

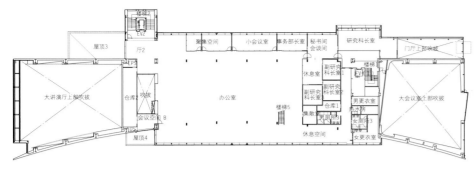

3层平面图

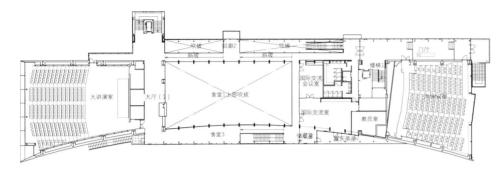

2层平面图

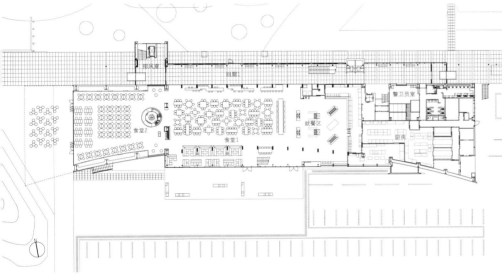

1层平面图　比例1/800

从西侧看。

校区中心空间的再生

　　曾深受伊达政宗喜爱的青叶山上，坐落着东北大学工学研究科的校园。校园毗邻仙台市市区，学生们在丰富的自然绿色环境中求学。近年来随着附近地铁站的规划开发和新校区的开办计划，校园的位置优势也正在发生着变化，工学研究科在应对新的定位的同时，为解决老化公共设施的再生、缓解校园安全和功能的高标准化对办公空间施加的压力以及直面改善学生福利空间的呼吁，决定对将近4ha的校区中心空间实施统一再生。

　　由小野田、本江正茂、佐藤芳治等组成的东北大学工学研究科校区总体规划委员会进行了以下的工作。①仔细调查了学生生活支援、教育支援、办公管理等功能所需的面积，以便实施一体化建设。②为将过去未能考虑周全的周边设施更加高效地利用起来，把大片的周边设施也计入了建设事业中。③为保证空间品质，设置了比学会赏更高的奖励，在提案时实施品质评价。④为召集优秀的设计团队 包含建筑师，景观艺术家，家具，标识，布艺、照明等专业设计师及其他工程师等），在大学设施部和研究科事务部的支持下实施了各项调整，对设计费实施合理预算，精益求精，追求高品质低成本。本案在实施过程中进行责任严格审核，对品质的追求延续下去是极其艰巨的工作，即使是汇聚了各种优秀人才的日本国公立大学的设施规划也不例外。本规划依靠从研究科执行部起各部门相关人员的通力协作，针对难以定量化的空间品质和空间运用进行多方协商，最终才得以完成。复兴规划至今仍在进行中，而这一理念也将被传承下去。　　　　　　　　　　　　　（小野田泰明）

注：在2011年3月11日的日本地震中，校园里许多主要建筑物受损，基础设施被完全破坏，刚刚建成的这一建筑作为收容避难所起了很大的作用。

山脊的记忆

　　在丘陵地形的校园中，本建筑依循东西向延伸的山脊线布局，建筑作为新的山脊线组织起了周边的景观。在丘陵地的自然地形中，南北两侧的山脊和斜面自然环境大不相同。基于这种环境差异，将校园总体规划中提出的动线规划和用地规划予以空间化，继承"山脊的记忆"。具体则为尽力保护具有山脊植被特征的赤松林，并布置装饰绿地烘托其存在。此外，为突出靠近山脊线的斜面的意象，我们细心修整了土地形状，依靠园内道路平滑的线型和舒缓的坡度整合景观。

（宫城俊作/ PLACEMEDIA）

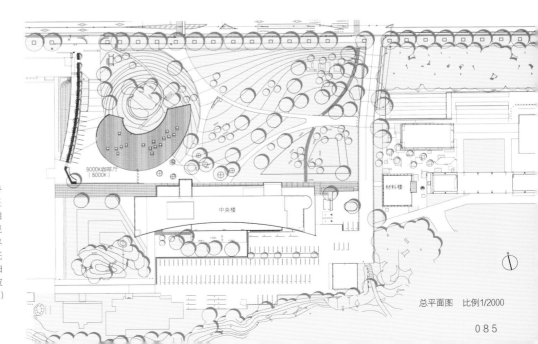

总平面图　比例1/2000

西侧挑出的2层大讲演厅。

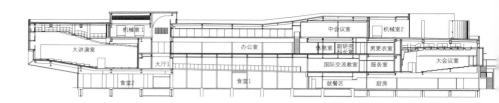

剖面图　比例1/800

大家的房间

　　围绕着上方为吹拔空间的大食堂，不论是附属于校园主要动线上的快餐店、还是享受远景青山和阳光的休息室、乃至拥有圆形服务台的休息区等等，都设计有与各自周边环境及建筑特征相呼应的家具，为走出课堂的学生们和日夜致力于研究的人们提供各种日常活动的场所。

　　不拘泥于食堂的设定，令每一个人都能够自由选择惬意的环境，并且如何拉近人与人之间的关系是摆在我们面前的一大课题。作为研究会或是聚会的交流场所，用布艺实现自由的空间分割，设置固定家具和可动家具并设计其运用方式，通过这种种细致的规划创造了适应各种用途的空间。木质家具全都采用东北地区的工业用型材，具有突出材质特征的大气的设计，和重视材质触感的打磨。

　　对于一所国立大学来说，与建筑规划同步进行家具规划并实施原创设计，可以说是具有革命性的创举。我们想要为在此学习研究的人们创造尽可能好的环境，但愿这股热情能够被大家所理解。

　　在经历过了3.11日本东部大地震的今天，但愿这一包含食堂、起居室和学习室的"大家的房间"能够一直保持充满活力。

　　　　　　　　　　　　　　　　　　　　　　（藤江和子）

上图：设置于1层南侧回廊中藤江设计的原创家具。
下图：安东阳子设计的食堂分隔布艺，以地板混凝土碎石为主题，从地板向天花板采用波淡法渲染。

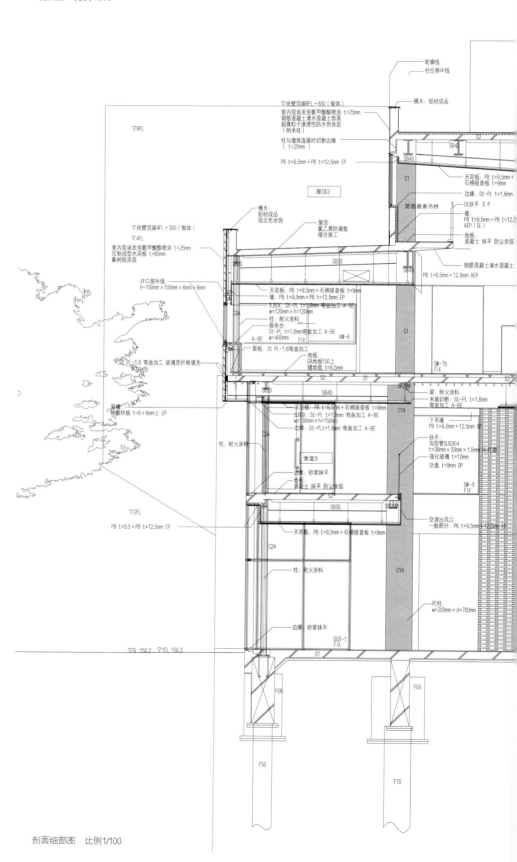

剖面细部图　比例1/100

结构概要

　　本建筑整体可分为三个区域，以"强、轻、纤细"的理念为核心统合在一起。
"长边两端的大厅空间"优先考虑其功能所要求的隔音性和抗震性，并作为建筑整体的主要抗震核心，其次通过采用拥有高强度钢筋混凝土抗震墙的框架结构，还同时上演了最大出挑达10m的震撼。
　　此外，"中央吹拔大空间"采用纤细的预制钢筋混凝土壁柱，创造了极富韵律感的无柱大空间，"外围回廊空间"则通过纤细的钢结构框架与之实现了内外的柔性连接。

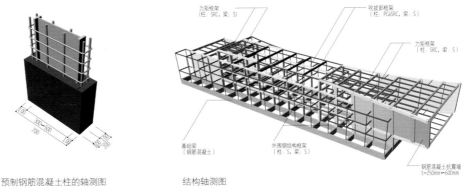

预制钢筋混凝土柱的轴测图　　　　　　结构轴测图

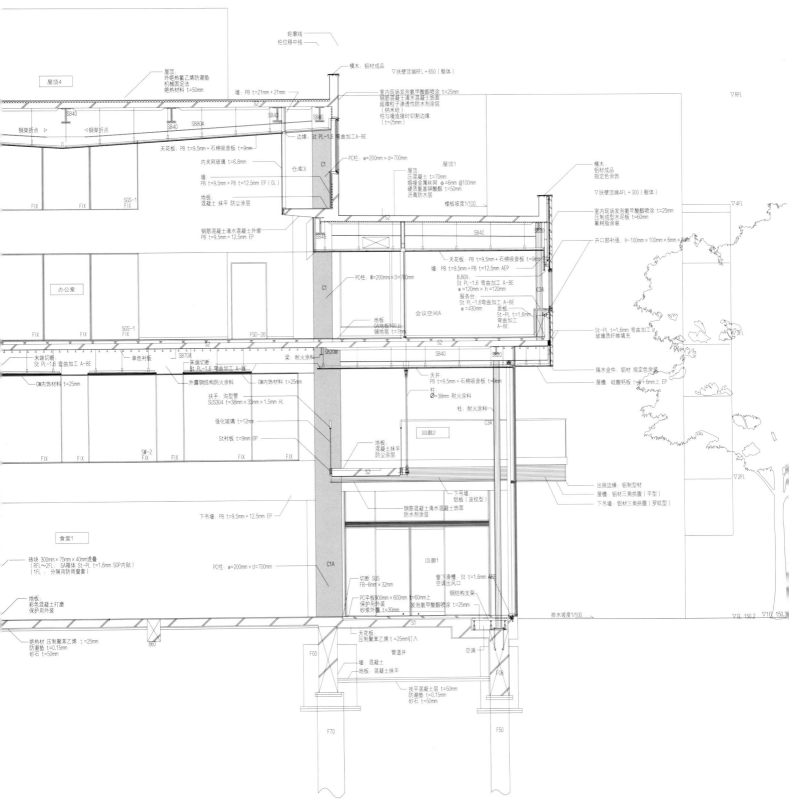

穗积木材加工所项目

总监　studio-L
设计　吉永建筑设计工作室　SPACESPACE　dot architects
　　　　ARCHITECT TAITAN　tapie　SWITCH建筑设计事务所
施工　穗积木材加工所项目部
所在地　三重县伊贺市
HOZ-PRO
direction:studio-L

木材加工所内部。

吉永建筑设计设计室栋。

吉永建筑设计设计室栋。纵横组合构件缝隙2cm。

SPACESPACE栋的屋顶

SPACESPACE栋。

dot architects栋。

dot architects栋内部。

dot architects栋洞穴。

tapie栋。外墙镶满了加工圆木时削下来的木片。

tapie栋内部。

TAITAN栋。

TAITAN栋。天花板上架设布匹。

SWITCH栋。

SWITCH栋。光线从墙的缝隙间落下，内侧对面的墙被涂成白色。

SWITCH栋

嵌套巢形。体味从缝隙间射进的光线。不仅可供入眠，还能感到光的变化，是一个感觉纤敏的非日常空间。可以称之为"光的茶室"。

（田中淑惠+内藤玲子/SWITCH建筑设计事务所）

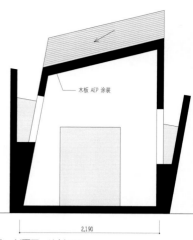

木板 AEP 涂装

SWITCH栋　剖面图　比例1/60

吉永建筑设计工作室栋

这是一个通风良好、虫笼一般的小屋。杉木板做竖挺，白色复合板每块间隔2cm缝横铺组成格子状墙壁（施工中的纵横组合反复作业训练了学生们的技能）。格子星星点点的缝隙透出微光以及清风，成为舒适入眠的环境。　　（吉永健一）

杉木板 t=25mm

印刷复合板 再利用 SOP涂装

吉永建筑设计栋工作室栋　剖面图　比例1/60

HozTube（TAITAN栋）

所有的材料都是库存材料，并采用学生可以搭建的简易方法。由夏季凉快舒适的垫高地面、间隔镂空条状地板、布质屋顶及出入口构成。单纯的建筑现状可适应多种用途。　　（中川晴夫+河原司）

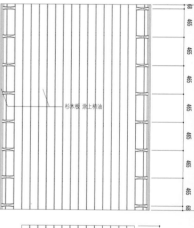

杉木板 涂上柿油

TAITAN栋　平面图　比例1/60

coppa巢（tapie栋）

"coppa"是圆木加工时留下的碎木条。高大的杉木柱子宽215mm、高3000mm，和地段形成了不平衡的视觉感受。墙面是层层叠叠的碎木条。这个巢加深了访客对木纹的粗糙与柔滑全方位的感受力。

（玉井惠里子/tapie）

杉木

制材时废弃的碎木条

地板储物

tapie栋　剖面图　比例1/60

Green Hill绿丘（SPACESPACE栋）

我们设计的"丘"与旁边的广场形成立体关系。涂成黑色的外墙上，用合页连接家具来作为窗扇。　排在一起的家具和黑斑一起成为各种活动和交流的场所。外墙上画的文字和图像可以任意更替，无数次的重新设计。　　（香川贵范/SPACESPACE）

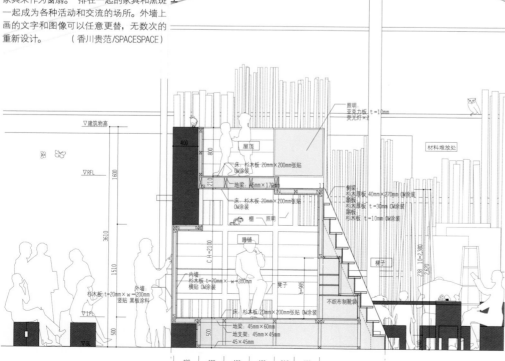

SPACESPACE栋　剖面图　比例1/60

总监　studio-L
设计　吉永建筑设计工作室
　　　SPACESPACE　dot architects
　　　ARCHITECT TAITAN　tapie
　　　SWITCH 建筑设计事务所
施工　穗积木材加工所项目部
用地面积　3022m²
层数　地上1层
结构　木结构
工期　2007年9月—2011年1月
摄影　日本《新建筑》写真部（特殊标记除外）
翻译　张光玮

木材加工所外观。右边是周边居民和访客们的交流广场。*(*印提供 : studio-L)

★动画 **新建築** Online

http://bit.ly/sk_online_movie

dot architects栋

　木材加工所仓库里存的材料全部都调出来,尽量避免了买新的材料。为了让今后同类项目开展都以学生为主体,这次从设计到施工都不用工匠,让学生们合作完成。

(家成俊腾+大东翼+赤代武志/ dot architects)

从车站看穗积木材加工所。

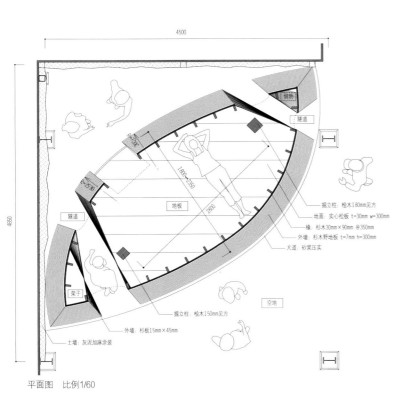

平面图　比例1/60

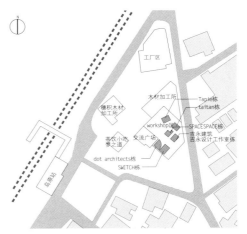

总平面图　比例1/2000

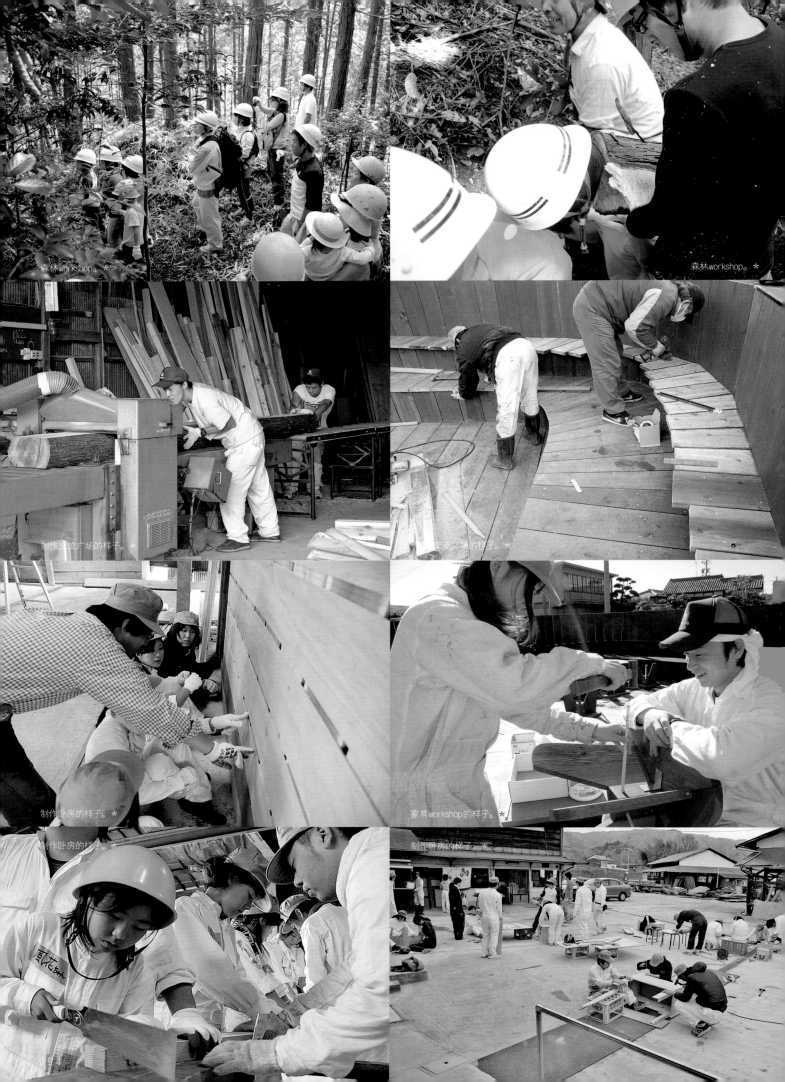

森林workshop。*

森林workshop。*

制作交流广场的样子。*

制作交流广场的样子。*

制作卧房的样子。*

家具workshop的样子。*

制作卧房的样子。*

制作卧房的样子。*

制作卧房的样子。*

制作所院内工厂区的样子。*

作为城市与乡村交流的据点

"穗积木材加工所项目"是三重县伊贺市岛原地区自2007年开始的项目。把私有的木材加工所地基作为公共空间活用,目的是通过城市与乡村的交流,将森林问题、人口减少问题的解决方式联系起来。营运主体是木材加工所的拥有者studio-L,再各自捐助木材和人力。岛原地区有着丰富的自然环境和生活文化,并且还有木材加工所自有的广大的森林。可是随着人口减少和老龄化,能担当其新旗手重任的年轻人也少起来,人工林被荒废、林业逐步衰退。城市居民周末会来岛原住宿,本项目就是在木材加工有关人员和木工设计师的指导下,开办制造桌子和椅子、书架等的"木工学校"。学校还包括杉树、丝柏等人工森林环境学习和木材加工体验,希望更好地理解如何面对缺乏管理的森林的课题,并通过使用本地木材制作家具来助一臂之力。

本项目到现在为止已经完成了木工学校的基础整备。于是,向六组关西的青年建筑设计师发出邀请,在木材加工所内设计建造为参加木工学校的学员投宿之用的木造卧房。此外,来访者和本地居民的交流广场及家具制造工作室也一起建造。这些卧房、广场和工作室等,由关西和名古屋大学的学生、社会职员利用周末到岛原地区,与本地的木匠们合作完成。预计今后本地居民、设计师和学生等亲身感受的不仅仅是木工学校,还将一起协作推进周边自然环境的旅行事业、木工产品的开发和本地土特产的品牌化。

(山崎亮/ studio-L)

卧房施工。

1) 吉永建筑设计工作室栋。内部为纵板,外部贴横板。2) SPACESPACE栋。在本体上嵌套椅子的样子。3) TAITAN栋。门型框构成。4) dot architects栋。架梁、檩条落到地上,再铺板。5) tapie栋。木框中塞满木条。6) SWITCH栋。在木框上铺板成为墙壁。*

功德林寺

设计 板垣元彬建筑事务所
施工 水泽工务店
所在地 东京都台东区
KUDOKURINJI TEMPLE
architects: M.ITAGAKI ARCHITECT & ASSOCIATES

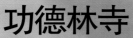

设计 板垣元彬建筑事务所
施工 水泽工务店
所在地 东京都台东区
KUDOKURINJI TEMPLE

本设计是位于东京都台东区谷中的净土宗寺院。原有寺院为住持居室和待客室于一体的建筑，在修建新的待客室的同时也一起新建了正殿。正殿为六间四方（译者注：指6个榻榻米长边长度，约11米见方）由于建设用地被限制在都市中心，因此配合周边环境缩小了建筑尺度。面对广场的南侧的6间中有4间开口，最高高度约为9.5m。

由西侧道路眺望。2栋房屋的屋顶都采用了钛金属平铺的方式。正殿的屋顶和待客室的屋顶分别为拱形和带弯曲的形式。正殿屋顶的渠坡为18cm。装饰屋檐的渠坡为7cm。装饰屋顶敷层为厚18mm的柏树。柏树都是在东京都内砍伐的树木。在相邻红线3m以内有火灾蔓延危险的范围内，采用了厚30mm的屋顶敷层和厚45mm的椽间板的准耐火构造。外墙为附带金属网灰浆白色喷漆。新设高2m的钢质围墙。

正殿正堂。

正殿。

正堂西侧开口部。

左边为正殿，右边为待客室。正殿的地面比待客室高380mm。

由连接左边的待客室和右边的正殿的走廊1眺望。

与街道的调和

这是谷中的功德林寺的新正殿和待客室的设计。旧有正殿和待客室是江户时代末期和明治时代初期的建筑。时至今日，虽然仍然发挥着自身的功用，但是因为建筑的老化，在不舍的同时又不得不将其拆除。基地的东面与谷中陵园相连，西侧面对通往朝仓雕塑馆前的道路。旧有正殿为东向房屋，即正面朝向谷中陵园的方向，最初想要重点设置一条从陵园延伸出的门前小路。在该正殿的背后，2层的主持居室紧沿西侧的道路而建。旧有正殿和主持居室为背朝道路的构建形式。

关于新正殿和待客室，施主的基本要求为木结构建筑，以及设计一所与谷中的街道景色、氛围相符的给人一种柔和气氛的寺院。

在本次的设计中，在保持自陵园的入口小路的同时，也重视西侧道路，即与谷中的街道的关联。为此，在新设计中，正殿被设置在基地北端朝南的位置，在其东面沿陵园设有细长的待客室，沿西侧道路设有低矮的围墙。至此，街道上的行人便可以观赏到功德林寺的建筑景观。通过该设计，形成了由正殿、待客室、围墙所包围的围墙。因此，在春秋超度法事和夏季超度法事时，为正殿内无法容纳的信徒提供了设置帐篷、摆设椅子的空间。

面对广场的正殿的正面为六间的开间，其中中央的四间设开口。门窗隔扇可以收纳在两端一间宽的墙壁内。这是为了在召开1年3次的大型法事时，使广场中的信徒们能够看到正殿内部而采用的设计。正殿的地面高度也比其他寺院正殿要低一些。正殿为6间×6间的建筑，空间并没有那么宽阔。由于有必要表示出正堂、院内参拜处、耳堂的分区，因此利用4根柱子和连接其顶部的柱间墙与柱间横木分割了3个区域。在不破坏内部空间的整体感的同时，也明确地划分了3个区域。关于正殿，我们尊重了传统寺院建筑的形式，并尽可能地采用了简洁的设计。另一方面，待客室为了与正殿的屋顶相对照，采用了带有拱形的上屋顶和下屋顶组合的方式，利用类似和风住宅建筑的手法创造出亲切简洁的姿态。南侧面对广场并夹着入口玄关的是寺院的管理部门。北侧是用于以信徒为首进行集会的场所。由此经由走廊与正殿的院内参拜处相连。

相比从前，新功德林寺以与谷中街道紧密相连的方式重生。在谷中街道的多种多样的建筑中，通过混杂在其中的"50处寺庙"创造出了独特的街道氛围，形成了亲切与简洁、宁静与活泼、微妙调和的妙趣横生的街道。以新功德林寺为首，虽然对于谷中的街道来说多少会有一点不相容的感觉，但是我想只要经历了一段时间的沉淀之后，就可以作为人们眼中的谷中街道的一部分了。

（板垣元彬）

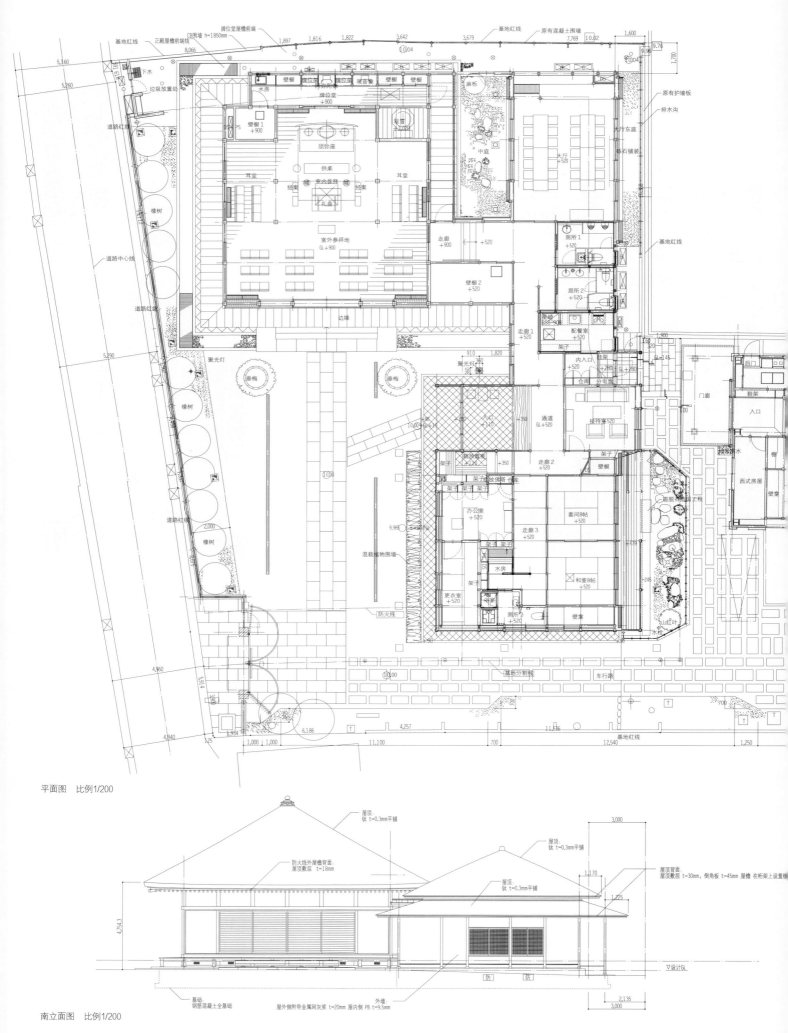

平面图　比例1/200

南立面图　比例1/200

102

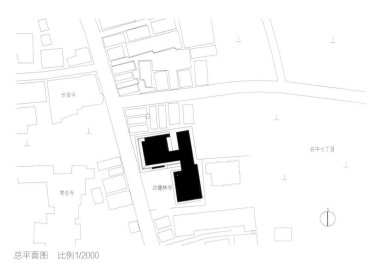

由待客室的套间眺望和室的地面。

总平面图　比例1/2000

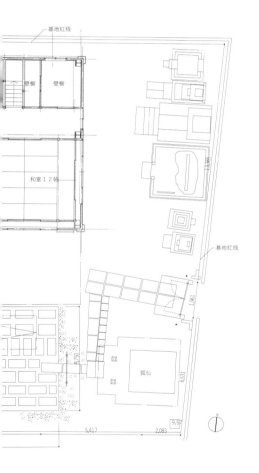

待客室入口。

由待客室的大厅透过中庭向正堂眺望。

设计　建筑　板垣元彬建筑事务所
　　　　结构　阿部建筑事务所
　　　　设备　Tetens 事务所
施工　水泽工务店
用地面积　930.49m²
建筑占地面积　459.44m²
总建筑面积　412.17m²
层数　2 层
结构　木结构
工期　2008 年 12 月—2011 年 3 月
摄影　日本《新建筑》写真部
翻译　马振薇

宝珠 钛弯曲制成

连梁120mm×180mm

贯穿材 桧 21mm×120mm

连梁 120mm×180mm

主屋 桧 120mm×120mm

贯穿材 桧 21mm×120mm

连梁 120mm×180mm

松梁端口 Ø260mm

松梁端口 Ø260mm

松梁端口 Ø280mm

屋檐支撑材端口 Ø180mm

松梁端口 Ø280mm

头柜连花旗松150mm×300mm

补强板花旗松90mm×360mm

空调用空气室箱

吊顶胶合板 t=12mm+PB t=9.5mm EP

间接照明FL32W（灯泡颜色）×24

屋顶钛 t=0.3mm平铺 下铺橡胶沥青屋面
屋顶敷层杉 t=24mm
屋顶檩 60mm×60mm @455mm

照明BOX　FHF32W(灯泡颜色)×6

贯穿材 桧 21mm×120mm

土井桁架 桧 260mm×330mm

屋顶桁架 220mm×260mm

吊顶 桧 t=1.0mm
单板粘贴无梁吊顶

墙壁粉刷

屋顶附带5段钛 t=0.3mm

内沟：铜板

天沟角：铜板侧角

装饰屋顶敷层 桧 普通部分 t=18mm，有火灾危险的部分 t=30mm
檩 桧 72mm×85mm @227.5mm

外墙附带金属网灰浆 t=21mm金属抹子基础喷涂白壁
张贴铜板

柱 205mm×205mm

柱子水平连接件 桧
门楣 桧

木质细格窗 t=50mm 分开

柱 桧 195mm×195mm
推拉门：t=48mm 分开

墙壁粉刷

室外参拜地

柱 205mm×205mm

室内参

轨道SUS背面圆形轨道

地柱子水平连接件桧

边梁桧 t=60mm

地面 地板采暖对应地板 t=15mm×w240mm
地板采暖板 t=15mm
未装饰地板，结构用胶合板 t=15mm

▽正殿FL

楼梯 桧

刻痕花岗岩

隔热材

托梁 桧 70mm×70 @360mm

柱间横木 桧 190mm×160mm

木材梁 桧 t=120mm×120mm @910mm

柱间横木 桧 190mm×160mm

地面支撑 桧 20mm×120mm

刻痕花岗岩

▽设计GL

支撑石混凝土质

灰浆压实

音石花岗岩

正殿剖面详图　比例1/50

今夏发生了怎样的变化?

建筑因地震产生了哪方面的变化?

自日本东部大地震发生至今,时光已经过去了6个月。不仅仅是地震灾区,影响波及很多地区的这场灾害,留给建筑又是怎样的思考呢? 今夏过后,建筑发生了何种变化呢? 对于建筑的思考,关于客户、关于建筑物,从各种各样的角度出发,向建筑业人士咨询了他们感觉到的变化。

(编者)

Q1 对于建筑的思考

以日本东部大地震为契机,对于建筑的思考发生了怎样的变化?

Q2 客户的变化

在计划中的项目,包括客户的要求在内,发生了什么变化呢? 另外,客户自身是否也发生了变化呢? 结合工程项目,请具体谈一谈其中的变化。

Q3 今夏的对策

以地震灾害为契机,较之以往,对能源的危机意识已经成为摆在面前的实际课题。请您回答,对于贵公司的办公楼以及迄今为止设计完成的建筑物所实行的相关对策,请您也回答出具体的建筑物名称。

青木茂
青木茂建筑公司
（东京都）

A1：关于抗震、节能方面，我比以前有了更加深入的探讨研究。我建议大家查看避难地图。年轻的建筑师开始积极地行动起来，这是一大成果。

A2：客户要求抗海啸、抗震和地质液态化现象的对策。

A3：由于至今为止完成的建筑以九州地区为主，本公司采取了一些常见的对策。

青木淳
青木淳建筑规划事务所
（东京都）

A1：在基本建筑方面没有发生什么改变。所谓的"建筑"，并非是为了摆脱日常生活的平淡无奇而展现的标新立异，我认为所谓的"建筑"即是构筑起生活本身。尽管如此，我深刻地感受到建筑师除了作为"专业人士"提出专业性建筑提案之外，也一定存在建筑师应具备的风范。

A2：在杉并区的"大宫前体育馆"项目，客户要求：照明升级为LED灯具、设置太阳能板和蓄电池、自家发电时间由6小时延长至72小时。

A3：设计完成的建筑中，没有受地震灾害影响而损坏的。不过，我们的事务所处在一座执行新抗震标准以前建造的8层建筑的第7层，（发生地震时）晃动很严重。再有，因为这幢楼有一部分损坏了，事务所便决定紧急搬离了（该幢楼）。虽然新事务所最终也选了一处执行新抗震标准以前建造的旧楼内，但是（楼层是）一幢6层建筑的第2层，如果有地震发生的话，心理上会稍有安心。

阿部利裕
户田建筑公司 执行董事
建筑设计统辖部长
（东京都）

A1：我认为迄今为止全国千篇一律的城市建设的想法以及对建筑的想法，都成为这次大地震中受灾的一个因素。我觉得，有必要掌握地区背景和系统，有必要重新关注被赋予地点重要性的地方自行发起的城市建设以及地方自行设计的对策。

A2：医院等建筑本来就是以抗震结构居多，这次大地震之后，其他用途建筑也期望满足以下条件：变成抗震结构设计、加强抗震结构的抗震水平、加固基础结构（打桩）等。再有，在本次地震中，天花板和内部装修的受损数多，尤其是客户要求对生产厂房制定防止二次材料脱落的对策。还有，在设备方面，新增一些有关BCP应对的讨论，诸如：安装各类建筑通用的发电设备、加大发电设备的容量、井水的净化处理、增大消防水池的储水量等BCP应对，同时还增加了太阳能发电设备、LED灯具等节电对策的讨论。也有人提出将公寓的全部使用电的能源使用模式变为电气和煤气并用的方案。

A3：本公司的总公司办公大楼，今夏的节电目标定为比去年同期减少15%的用电量。实行降低事务所内照明亮度、减少电梯使用次数、调节办公室内空调设定温度等一系列详细的对策。还有，试图明确把握能源的使用量而安置一种"能源监视显示器"，这对于增强职员的节能意识也起到一定作用。为了应对大厦遭遇震灾，与发生这次地震以前比较，本公司强化日常防灾训练。作为设计后以及施工后的建筑物的震灾对策，客户除了要求加强抗震能力施工之外，还在设备方面提出要求，如：设置发电机、长时间运转发

电机、采用或加强太阳能发电、改成LED灯具、重新设置公用电话等。

安昌寿
日建设计
董事长副社长
（东京都）

A1：本公司设计的石卷红十字医院作为市内唯一的紧急救护医院，维持其（救护）功能，成了救死扶伤的基地。我再次深切地认识到了对于建筑的风险准备和社会责任的重要性。建筑，就应该克服一切可能发生的风险。因此，我想，在设计之前彻底掌握当地的气候、水土、历史等特性是至关重要的。再者，不仅要考虑海啸对策，还有必要考虑水灾对策。

A2：用户追求能够确保灾害时期的抗震性和事业持续性（BCP）的建筑，对这几点要求的咨询增多了。我们除进行个别说明之外，还通过讲习会、广告杂志等介绍本公司自造的结构模拟模型等。再有，统和一直以来在个别说明中遇到的典型问题，设立BCP室，参与民间工程项目及公共领域防灾对策。

A3：为了回避计划性停电时间，同时配合节电对策，在日建设计东京大厦，自3月17日开始，实施超出以往水平的节电举措。7月，将工作日白天的用电需要量降低至去年用电量的25%。（照明耗电减少44%，空调耗电减少12%，电源电线耗电减少8%）将节约的经费捐赠给灾区。今后还将研讨同时实现"节能·节电"和"提高科技生产性"的"高科技职场的运用"，并付诸实践。

地震发生后，迅速成立震灾对应措施总部，对大约3000幢本公司设计的地处震级5级以上地域的建筑进行了实地考察和安全确认，经确认，没有发现建筑主体结构受到严重损害的建筑，本公司一直以来在长周期地震动预防、免震结构、（建材）副构件的固定等方面的所做的努力的效果得到了证明，成为复兴的象征。和其他相关建筑公司共同投入仙台机场新候机大楼、鹿岛足球场的早期复旧工程，目前正参与宫城县梦展览馆的灾后复旧设计工作。还有，本公司坚持不断地向日建设计综合研究所网页发送复兴提案的信息。目前，本地明显的短缺的是"城市建设的专业人士的现场作业能力"，（这里提到的"专业人士的现场作业能力"是指），专业人士不仅提出规划意见，还应该考虑居民的意愿来执行城市建设的能力。希望有机会与大家讨论，如果能参与具体的震灾复兴计划，（为复兴事业）尽到绵薄之力的话，我将感到十分荣幸。

五十岚淳
五十岚淳建筑设计
（北海道）

A1：震灾后，我更加认识到对人类而言，真正必要的"状态"是什么。根据"状态"定位的不同，思考的方向会有很大变化。不先定位"状态"，或者模棱两可复杂地考虑的话，就会如同在漆黑的宇宙空间里徘徊一样。我希望尽可能单纯地思考事物，向着所定目标义无反顾地奋斗。然后期待实现目标。这就是对人类而言，筑建幸福的状态。震灾后，这种感觉变得非常强烈。

A2：现在，在本公司在福岛县岩城市的一个住宅工程项目正在在建中。与其他地域相比，岩城市因地震或海啸受到的损害程度虽然比较小，但是到了与核电站的距离较近的话，客户的意识会有所提高吧。这次震灾后，与客户见面交流种种想法，和客户的交流在此之前有了更加积极的进展。这一点着实让我感到吃惊。我原以为客户对建筑本身的期望

是否会发生变化，可是客户却并不介意核辐射，而是期望一种自然的生活状态。针对客户的这一期望，我解读岩城市的所有"状态"，不断学习，试图交上揭示问题的优秀答卷。

A3：地震没有影响到北海道，也没有影响到本公司的在建工程。现在，对于几个在建工程项目，关于隔热、断热性能方面的意识有了进一步提升。最开始就想尽可能地采用不使用能源的方式筑建一个安定的状态。

池田靖史
IKDS庆应义塾大学研究生院
政策·媒体研究科教授
（东京都）

A1：我受到了非常大的刺激。迄今为止自己所做的，利用计算机的设计技术、国际化都市的生活方式的提案等，到底在大自然的肆虐和核辐射的威胁面前有何意义呢？使我从那种无能为力的情绪中重新振作起来的是，大学里的年青一代表现出的那种"必须有所作为"的积极向上的精神力量。于是，我迅速将播音课题变更为灾后复兴提案，大学里其他研究领域的教师们也参与协作各类复兴支援活动。

报告其中之一的成果。8月12日，在气仙沼举办的"港气仙沼复兴节"中，和孩子们一起制作手工，使用激光刀具建造简易木结构的"鱼形拱门"。数码建造的快速成型通过手工制作来恢复人们对新生活的憧憬，能为此成就小小的尝试，受到人们的欢迎，筑建恢复活力的都市空间，新建筑技术一定会发挥作用，这将成为我们自身今后努力方向的启示。

A2：我发觉，与年轻学生们接受灾害的方式相比，没有直接遭受损害的成年人们让人深感意外，他们的变化非常小，或许有人也存在不知如何应对才好的困惑。一边主动提出"为气仙沼的产业振兴的机构提案"，又提出对自然界的凶猛危害，不是用"蛮力"来与其对抗，而应该妙地顺应自然规律化解其危害得新想法，这对于我们今后的事业会有作用的。

A3：这同样是教育领域，在庆应义塾大学SFC设置"节电总部"（带预算），号召学生们提供节电创意。池田研究室的学生们利用SNS实行实名为"浇水推特"的项目，这个项目内容是维护公共场所种植的绿色植被。搜索关键词为"快乐节电"。

石上纯也
石上纯也建筑设计事务所
（东京都）

A1：我认为发生了变化。但是，至于实际发生了怎样的具体变化，我也不是十分清楚。在今后建造建筑的过程中，我将逐渐明了。目前，得到的信息量太过繁杂，还未整理完这些信息。

A2：我认为观念上似乎发生了变化，但是，目前为止未收到任何有关客户具体要求的信息。

A3："神奈川工科大学KAIT工作室"受地震影响微乎其微，几乎没有因地震摇晃而受到什么损害。所以，也就没有特意实施什么新的对应措施。至于节电方便的措施，在预测用电量较大的7月下旬的10天时间内，我公司决定午后1时至3时之间闭馆，以控制用电量高峰时期的用电。

伊东丰雄
伊东丰雄建筑设计事务所
（东京都）

A1：福岛核电站泄漏和防护堤遭到破坏，

预示着完全信赖技术的近代主义思想即将结束。这对于建筑设计同样适用。

A2：没有。

A3：通过彻底的自然能源的活用减少能源的消费（岐阜大学医学系房基地复合机构以降低一半能源消耗量为目标）

稻山正弘
东京大学研究生院
农学生命科学研究科
生物材料科学专攻木质材料
学研究室
（东京都）

A1：作为一名结构设计者、木质结构研究者，在木造建筑抗震设计方面的理念没有特殊变化。震灾发生5天之后，我进行了震灾考察，考察非海啸造成的震动灾害发现，如果严格按照现行抗震设计标准进行建筑设计的话，可以保证建筑的安全性，这一点在本次地震中得到了证实。

A2：客户对于天花板之类的非结构材料，也要求注明抗震数据，随设计图一齐交给客户。

A3：在东北部的关东地区，由我公司承接结构设计的建筑，没有发现因地震导致结构主体受损的建筑。有收尾工程、室内装修材料以及塑料膜受损发生，采取了修补措施。

乾久美子
乾久美子建筑设计事务所
（东京都）

A1：感觉游戏一般的建筑设计突然褪色了，我开始思考建筑的使命到底是什么。

A2：客户在要求更高性能的同时，开始理解只强调建筑的坚固性有多难。可以说由此诞生了全社会对于建筑理解的共识。

A3：我公司自行完成办公楼墙壁的断热工程。

岩井光男
三菱地所设计董事会副社长
执行董事兼装修设计师 国际董事会社长
（东京都）

A1：日本东部大地震发生之后，洪水、泥石流等灾害侵袭而来，日本列岛经历着从未有过的灾害。面对眼前发生的一切，必须以超越常识概念去预测自然灾害，筑造建筑以及建设城市，否则绝不能保证人类的生命安全。为此，筑造建筑及建设城市必须慎重对待城市规划，超越所谓的建筑这一专门领域的界限，集中所有的人力和物力，靠综合力来筑造建筑和建设城市。

A2：施工地在丸之内的在建工程，对于大厦的抗震性、节能、防灾等方面，以前我们就比较重视。本公司不仅承建新建筑，还有旧楼改造工程，本公司也在这几方面采取相应的措施。近年，客户的关心点集中在事业继续计划（BCP）上。在丸之内建筑群在建工程中，本公司关注灾害发生时的非常电源设备、通信设备等配置和水、粮食储备、救援、救护等因素，建设确保人的生命安全的环境。旨在建设满足上述因素的建筑和城市建设。

A3：吸取阪神淡路大地震的教训，丸之内再次开发项目以建设抗灾性强、安全可靠的城市建设为目标。目前的在建工程"JP塔"（暂时命名）不仅具备高度的抗震性，在此基础上，还实现非常电源设备和自来水二次处理设备、能源供给等的网络化，全馆照明采用LED灯具，在防灾、节能方面有了进一步进展。日本东部大地震以后，设想在东京也有可能发生同样的灾害，探讨更细致地强化防灾力度。

内田文雄
龙环境计划
（东京都）

A1：考虑建筑用地的自然条件、地质构造等因素来设计建筑的外观，关于建筑为谁而建、为何而建，通过这个建筑，人与人怎样互通往来等问题，和当地居民共同思考，尽可能收集主要的信息，在意识共享的同时，做决策、执行，这点越来越重要。将震灾定为一个时期的转折点，再次认识到这种做法的重要性的同时，感觉有必要更进一步强化。

A2：我感觉到无论是住宅还是公共建筑，人们对能源的关注度越来越提高了。这不仅是单纯追求效率设备优先的讨论，还与太阳光能、太阳热能、积极利用地热以及细致观测并利用风力、隔热方法等、不依赖机器设备筑造传统建筑空间的新思考有着密切关系。我认为这是一种良好倾向。

A3：因为目前为止设计完成的各类建筑都做到了有效地利用自然能源，所以说已经实施了节电对策。在新泻县十日町市的繁华地段，不依赖电力的系统已在运行当中。利用地下水的冷热空调系统，周密的通风技术，利用温泉热能的阶梯式瀑布来融化屋顶积雪，房屋的热源供给等。没再施行什么特别的对策，照明灯具的节约等已经得到了实施。

宇野享
CAn
（爱知县）

A1：我深切地认识到，与单个建筑物相比，对于那些考虑大范围的防灾避难的环境建设，多角度的智慧的共有和实现才是必要的。

A2：对于建筑的主要供能源的想法已经呈现变化，特别是并用太阳能发电、蓄电池、燃料电池和煤气等，确保灾害时生活必须的城市三通（城市为水、电、煤气等的供给系统）的多样性和实现。

A3：在名古屋的办公地，本公司在一定程度上考虑了节电。很幸运，迄今为止设计的建筑未受到严重损害，实际情况只涉及重新研究防止家具倒落的程度。

宇野求
东京理科大学教授
（东京都）

A1：没有什么变化。30年前，以竹山圣为首的Amorph第一作的客户是知晓核电风险的读书会的成员。获知，如果挖到隅田川的河旁的用地的话，马上发现地下的砂层，承载力为5吨，注地容易出水，地基松软。之后，确信自然能源时代的到来，编著了《SD技术 景观的风景》（1995年4月，鹿岛出版社），探寻了21世纪的建筑和城市、景观的风貌。在"幕张美镇"住宅区，主张地基改良并得以实施。3月11日之后，去现场考察，发现避免了液化现象。

A2：没有变化。地震一发生，客户发来了邮件，报告说，"餐具柜中放着的酒杯纹丝未动"，颇有感慨。RC和木质混合的建筑，力量的承受力和冲力方法在建筑中得到了实现，结构设计是佐藤淳完成的。UIA2011展会中展出的"当代东京"，以最新的科学的见解为基础，提议将极度人工化的东京都中心一部分改造成"自然的城市"，筑造多样性的"自然的建筑"的议题正在研究中。

A3：所有的建筑都将风和热的流向形象化，有关自然光、自然空气流通、冷热性能等因素都加以考虑了，结构主体的热容量、传热、辐射等方面也都被形象化，用实物来进行确认。今夏，在研究室，我就打算使用戴森品牌的电风扇和绘有雪景的扇子。

远藤新
工学院大学建筑系
城市建设学科副教授
（东京都）

A1：受灾后快速复兴对于都市来说非常重要。我实实在在地感受到，在城市规划时，事先考虑快速复兴的灵活性十分重要。三陆沿岸的村落和多数都市在"收缩"中，遭受了本次灾害，感觉仿佛收缩的时钟的指针一下子快进了20年。像20世纪那样大兴土木的城市建设已经走到了尽头，像城市修葺之类适合居民的城市建设，再次确认十分有必要重视地域特色的计划和设计手法（例如：从规格设计到性能设计的转换等）。

A2：我和受灾地之一，釜石市有着十几年的业务关系，目前正在支援制定复兴计划的工作。市政府负责复兴计划的团队（成员）及其近邻作为复兴计划的主力，在保持紧张感的同时，明显比3.11以前步伐更加坚定了。也向受灾的商业人士征询了意见，商店街失去往日团体活动的活力，我想为此出谋划策，尽一份力量。另外，如果把建筑比喻为街道中的一个"点"的话，那么，从这一个点开始，将改变周边及街道整体的设想和工作程序归纳进复兴城市建设计划中，为此，我感觉到建筑师和城市规划者的合作更加重要。

A3：专门研究城市规划和城市建设。在几次协议会和委员会上，曾经以防灾为探讨中心问题议论过一次。但是，在受灾地以外，具体付诸实施的例子，在我周围没有发生。我任教的大学（位于西新宿的超级摩天大厦）实行节电目标达到15%。

大西麻贵
大西麻贵＆百田有希
建筑设计事务所
（东京都）

A1：我再次深切体会到所谓建筑即是建设未来。我想，在一片平地上建起可供大家生活的场所和集合的场所，这就是建筑告诉我们的建筑所具有的最原始的价值。

A2：地震后，有民居的客户向我询问，能否设置自己发电的太阳光板。

A3：已经竣工的项目基本没有，所以无法提供有参考价值的回答。办公室只能做到尽可能地控制使用空调。

大野二郎
日本设计环境创造管理中心
（CEDeMa）负责人
（东京都）

A1：日本东部大地震告诉我们，单单依靠靠工业技术对抗自然是有极限的。不要光想着对抗自然，应该顺应自然来建设21世纪型环境建筑。珍视生命、希望建筑灾害时期仍能持续使用的建筑，类似这样的客户需求急剧增加。而且，为了建设安全稳定的社会，我更加认识到，筑造人与人和睦相处、地域交流活跃的建筑有多么重要。

A2：因为经历了基础建设能源的脆弱性，关于地域分散性能源，特别是关于自然能源利用的需求的探讨增加了。助长了活用地域潜力、共同努力进行灾害应对措施以及防止温室效应的势头。另外，预期海啸高度的变化频繁发生，将重要房间设置在房屋上层等类似的应变灾害措施的需求增加了。

A3：在本公司也采取了一系列节电措施：关闭了70%的天花板照明、事务所的办公用机器施行省电处理，使用台式工作灯，来降低电灯照明用电，与去年相比节约用电37%。还听说了其他公司的一些节能省电措施：在一幢办公大楼中，推行显示用电状况、设定

节电15%的节电目标的"需求调控"措施；在设有关系单位的数据中心的高层大厦，集中部署，停止20%的办公用电，利用室外光及台式工作灯来工作。

大槻敏雄
东京大学副教授
（东京都）

A1：深切感受到在日常生活中也要居安思危。平时的建筑规划和灾害时的建筑规划，比如，（在灾害时期），看到学校、福利设施被用作避难所，会感到非常不同，这是很理所当然的。但是，我认为把这同时作为建筑规划立项的话，是否可行，还是一项新的课题。

A2：首先，确保安全性在相关的规格中被视为最重要。不久前，在岩手县远野市的临时住宅中，以学生为主，做了几个模板，学生们很高兴。但是，行政人员、使用者 志愿者中的很多人都对其安全性产生了疑问。这不仅是因为刚刚经历了灾害，所有法律贯彻的渗透也可成为其原因之一。

A3：节电想做就会实现。也可以说节电是一种大规模的社会实验吧。问题是，这个社会实验的成果，也就是，节电要做的话就能做到，要把这种意识归集到哪种向量里，这种方针尚不明确。

尾崎胜
鹿岛建设 常务执行董事
建筑设计总部部长
（东京都）

A1：这次大地震使生活智慧加上各种各样的工学知识在社会上广泛流传开来。另外，对我们来说，这也是一次让我们重新考虑硬件世界与工作方式、生活方式这一类软件世界相组合的契机。我们应该谦虚地反省：优先考虑了筑造建筑、建设城市、建设国土的意识，使用意识（想象力）尚存不足。希望思想能够回归到原点，再次努力实现"建设和使用的融合"。

A2：关注BCP对策等"安心安全"意识提高了。最近，在学会的设计比赛中，试着做了一次尝试。这项计划的内容为：对于外部的冲击，不是使建筑物更强固，而是用阻尼网轻轻地包覆在外表层，来吸收地震能源的计划。此提案是一项即使建筑物部分损坏，但是能够确保性能的阻尼网结构的提案。如此一来，稳健性等因素也会成为今后关注的领域。

A3：伴随节电措施，为实现今后的"ZEB"，自8月起开展的实地验证试验。改修鹿岛K1大厦的一部分采用了smart电力充电放电控制、人体感应空调和照明控制、利用LED增强明亮度等技术。把改建该大楼作为实验的对象，做好今后的资本社会的到来的思想准备，以便积累包含舒适性和智能的生产性在内的各种数据。

篏岛亮
山下设计常务执行董事
总公司副社长兼建筑设计部长
（东京都）

A1：面对巨大的自然灾害，作为硬件的城市和建筑是多么的脆弱啊。而且，眼睁睁地看着眼前发生的灾害却无力抵抗，我痛切地扪心自问：作为每个人的生活和社会活动的舞台，城市和建筑如何做到在根植于地域社会中的同时，让城市和建筑留在记忆中呢？

A2：在沿岸的自治体政府办公楼的建设计划中，调整预想海啸高度，同时，从确保业务持续性的思考角度出发，重新规划了楼层构成。另外，在东京市内的政府办公楼和民用办公楼的建设计划中，正在针对基础设施施焕的风险进行重新检查。我想，在今后的基

础设施建设中，BCP和环境共存要作为一个整体来加以考虑的认识会逐渐普及成为常识。

A3：因为我们的办公楼是租借的，所以能做的事很有限。但也实施了一系列可行措施：减少一半个人办公桌周围的棚顶照明灯，限制使用部分公共空间，实施夏季集中放假等措施。另外，在我公司设计的23区内的一座政府办公楼，开始提倡使用办公桌台灯，关闭天花板照明灯，因而降低了电力使用量。

小野田泰明
东北大学建筑学科建筑规划室教授
（宫城县）

A1：客户对于精度的要求程度不那么明显刻意了。对于土木、行政的事业化的素养提升了。如何理解了建筑的不可替代性。

A2：容易被理解为建筑表现的构造，被拒绝的倾向有所加强。另一方面，感觉在有觉悟的人中，在新建筑时，可能够带来某种希望的设计的要求会越来越多。

A3：没有什么特别的变化。但是，对于地震受损建筑的改建计划，因为是在没有空调、没有电梯的临时住宅条件下开展建设事业，所以，节能是自然必行的了。也不一定的，改建工程及校园之间的移动有所增加，所以，也许能源消耗也随之增加了。

织山和久
Aichinet董事会成员

A1：本公司考虑自己力所能及的事，强烈意识到，必须针对预想中的东京直下型地震采取防范措施。现在已经开始将木造结构房屋密集地区的年久失修的老房子一幢一幢地替换改建成公寓住宅。

A2：因为建筑地点本来处于靠近市中心的地方，存在地层液化态问题的发生，在低层以混凝土为主体的建筑建造正在进展中，所以，没有什么特殊的变化。在地震灾害中，新老客户家庭财产都没有受到损害，而且（在地震发生时，因地铁等交通工具暂时停运，）客户徒步也能回到家中，加深了安心感。

A3：办公楼的一部分，在盛夏时节不使用空调，早上提前来公司上班，下午1点下班，夏季期间保持这种工作时间。

桂英昭
熊本大学副教授
（熊本县）

A1：不由得你不反省到目前为止，只关心了建筑和城市的"＋"。即使在九州经历过多种灾害和社会弊端，还一直确信没有到0。看到地震灾害后的残痕，我脑中一片空白。超过0的令人毛骨悚然的恐怖，这是"－"。这不仅是单纯的负，是坐标的丧失。现在不想表述自己的见解或想法，行动起来，尽一份微薄之力，从与负的对持中重新开始。

A2：客户的设想在对象，深度和广度方面都加大了。就拿医疗福利在建工程项目来说，不仅仅停留在对自然灾害、抗震、电力供给等方面危机管理，在全国或全世界流行的（疾病），关系补贴削减额，停工时的建设计划，职员的确保，职场环境维修，针对建设成本变动的投标和订货控制，灾难时用地图，多角度的信息传递系统，人和建筑的心理关系，等的主题超过了关于设计的讨论。

A3：自身设计的建筑中，以尽量不依赖空调设备为前提的木造结构建筑居多，没有因节电等受到特别干扰。我所在大学的校舍，节电措施得到了非常积极的推进。今年夏天，实行了一系列节能省电措施：清凉商务、休

假调整、加长照明和电梯使用时间间隔、待机电力检查、设定禁止使用空调的时间段等。有报告反应，这一系列措施实现了一定效果。另外，熊本大学继续试行太阳光板的设置。

加藤诚
Atelier
（北海道）

A1：在这次震灾之前，我就对被动式住宅空间结构抱有兴趣，所谓被动式住宅即热负荷形式简单、自然光和自然通风的利用效果好的空间结构，间接地减少对自然环境影响的设计。震灾后，我认为自我生产能量的要求也成为一个更加重要的方面。利用地热、用雪制冷等主动制造能量的手法也逐渐开始被使用。

A2：目前在几乎没有受到地震影响的地区从事业务活动，在目前的状况下，客户都比较冷静地看待相关问题，没有过度严格地要求规格或者安全性。心里还抱有幻想，认为在建筑的使用年限内，想定中的大灾害发生的可能性非常小。

A3：没有特别变化。因为取暖设备消耗能源占到能源消耗的大部分，也许今后会开始讨论节能措施。

神谷正男
神谷五男+都市环境建筑设计所
（栃木县）

A1：在栃木县，部分区域的建筑受到破坏。受灾最严重的是瓦房顶，大谷石造藏和大谷石围墙。目前瓦房顶被蓝色的苫布遮住，由于缺少瓦材料、缺乏人力，瓦房顶几乎都被金属瓦顶取代。瓦房顶建筑，作为日本风景的一个特色，包括能承受地震震动的地基在内的施工方法成为必要。如果保持现状不变的话，瓦房顶建筑将会陷入不容乐观的局面。大谷石造藏不修复建筑物的部分，而是将建筑物拆除；对于大谷石围墙则是采取将整体建筑的高度降下来的改建方法。不加快生产和建筑图纸中标示的瓦而采用大谷石的话，我担心会遭到客户方面的否定。

A2：计划中的建筑，没有接到客户特别的要求。我参加的规划方案（政府办公楼，4层建筑）中特殊标记了要求抗震结构。

A3：本公司正在控制使用空调、室内照明。本公司设计的建筑（公共建筑）等，特别对室内室外照明、空调工作效率等方面采取了一些措施。

龟井忠夫
日建设计
执行董事设计部门负责人
（东京都）

A1：我真切感受到，硬性对策与软性对策这两方面平衡实施的重要性以及在各种意义上，传承经验和体会也是非常重要的。

A2：客户要求对重新探讨在建中的高层出租办公大厦的BCP对应的设备样式。经过对费用与效果对比的检验，改正了部分样式。另外，对于抵御震动结构，正在设计中的中型规模的出租办公大厦，客户要求讨论是否应该设计抗震结构，结果，最终变更为抗震结构。

A3："日建设计东京大厦"，从设计上，计划设计外部百叶窗、高效空调和照明，达成高水平的节能成果。在震灾后，重新考虑节能的运用，采取一系列节能措施：照度由750勒克司降到300勒克司，冷气温度由26度调节为28度，停止使用部分自动售货机，削减减用电高峰期的用电量25%。在超级清凉商务这一节能环节，设计了原创开领短袖衫。将节约的电费和部分开领短袖衫的销售额捐

献给灾区。

川边直哉
川边直哉建筑设计事务所
（东京都）

A1：对于建筑本身的思考没有发生什么变化。在预想日常和非常时期（如地震发生时）的建筑物使用方式时，我想必须针对各种状况考虑相应的建筑应具有的一切功能。也就是，我认为应该结合建筑的"公用性"这一概念来思考。

A2：地震发生后，客户对于抗震性、海啸易发地等，与建筑有直接关联的性能方面的关心度提高了。人们探讨的焦点也涉及到以下几个方面：随着时光的流逝，对于维持建筑的性能的探讨；对于如何修复建筑和如何再利用（包括改变建筑的用途）的可能性方面的探讨。我认为，人们开始思考如何去接受无法抵抗的震灾。

A3：事务所位于"LUZ白金"内，公共使用的空间从1楼至顶楼相连接。根据状况，公共使用的空间与专有部分一体使用。那些公共使用空间的窗户的开合、专有部分的门的开放等等，利用通透的纵向关联空间特性，尽可能减少对空调的依赖性，正在反复检验这种方法的效果。

北典夫
鹿岛建设设计部
（东京都）

A1：伴随提供安全安心的空间，目标锁定具备高度的耐久性、可变性的使用寿命长的建筑，这一基本愿望没有变化。历经时间考验，留存至今的很多建筑不论其用途和功能，都经受住了时间和自然灾害的考验，因其独自的美和存在感被保存下来，考虑到这一事实，我再次想到了永存的美的价值的分量。

A2：客户在要求上最明显的变化是，较之建筑本身的标准要求，客户更加重视地基风险、城市三通建设的停用等问题，大幅度地强化BCP相关的对应措施。具体地说，有建筑工程风险分析、扩大非常用电发电机的供应范围和延长运转时间，能源供应源、信息通信的双重化、水源的多样化、充实防灾用品库存，还有对回家有困难的职员提供帮助等对应措施。

A3：2006年竣工的"TORANOMON TOWERS"，在今年，因地球温室效应对策的成果卓越，受到东京都有关部门认可，跻身行业内排名前几名，还有组织地发展与房屋租借方共同建立的节能推进委员会，目的是：根据细致的能源利用时间管理来削减能源消耗高峰期的能源使用量，针对不同利用者的价值观巧妙地采取措施，实现无浪费的节能运营系统。目前正在讨论建筑外装修采用的双层立面结构在灾害时期发挥的效果。

北泰幸
竹中建筑公司常务执行董事
（东京都）

A1：地震时，灾区避难居民的行动井然有序受到世界人民的称赞，保持整体秩序是日本的"和"的精神体现，相反，也担心负面新闻也容易被曝光。我们平日里就保持建筑专业人士的见识，与项目关系人保持和谐的合作，不懈努力做出实在可行的决断。近来再次认识到了这一重要性。

A2：根据用地特性实施BCP的要求比以前增多了（整体来说）。比如，考虑和事务所所在区域合作订立灾害避难计划（制造行业地方实行点）。具体内容包括：对基础设施（电

气、供水）的恢复的可靠性检测；对抗震的评价有所提高，希望对小规模建筑也采用抗震结构（制造行业）；要求提高非主体建筑材料的强度（教育建筑）。

A3：在东京总公司，作为"ZEB的实例典型"，技术研究所推进"需求响应制御"的实验。具体包括：加入节电措施，实现电力需要量可视化，强化太阳光和自家发电能力，扩大自然换气扇通风口等措施。和江东区有关部门签订协定，将东京总公司作为江东区的居民临时避难处。举办题为"勇敢面对震灾 我们力所能及的提议"的设计比赛研讨会，全体职员参加。提升技术与设计能力和改革观念并行，集中优秀作品，今后将对外发表这些成果。

北山恒
architecture WORKSHOP
（东京都）

A1：决定建筑的因素缓缓地发生了变化，还有，对建筑的要求也发生了变化。观察这种观念的变化，清楚地认识到了建筑是社会存在的一部分。我认为，客户随之的变化也是决定建筑的一个因素。不是作为资本经济标识，而是符合地域社会和生活的建筑到底应该是什么样的呢？我想，这种创造正在开始。为人类而建筑的活动受关注也许正源于此吧。

A2：因经济状态不安定，我公司存在事业决策待定的工程项目。住宅类建筑的防灾、环境对策意识的设计计划容易被理解。同时，客户要求设计者具备防灾、环境对策的知识和判断能力。

A3："横滨国立大学Y-GSA Power Plants Studio"所采用的卤素的聚光灯全部被拆除了。不需要单单追求艺术性的照明，"洗足的住宅群"虽然属于出租公寓，但是，讨论将照明灯具替换成LED对应使用的照明灯具。

木村博昭
京都工艺纤维大学研究生院
工艺科学研究科
建筑设计学专攻长教授
（大阪府）

A1：强烈感觉到不知在何时、在何地将发生不可预料的可怕事件，感受到了自然灾害给人类带来的威胁和不安，这种感觉比阪神淡路大地震发生时还强烈。灾害还是一种人祸，以为有了充分战胜灾害的方法和准备，但是经过这次大地震，确信前人的智慧和经验的正确性和适用性更适用于建筑。

A2：没有特别可供列举的项目。但是，客户对于灾害的危机意识增强了。

A3：总体来看，节能设计、使用LED灯具等，不依靠空调设备，全部改做自然通风设备以及利用地下水，事务所内部也积极改作使用LED灯具，限制冷气的使用和照明时间，努力节电。

限研吾
限研吾建筑都市设计事务所
（东京都）

A1：感觉这次地震是自里斯本大地震以来最大的一次"建筑上的"轰动事件。我的想法也发生了变化，从认为筑造坚固的房子抵抗灾害、保护人类，变为人与人团结起来抵抗灾害、保护人类。

A2：在中国、韩国的酒店及研修中心的工程项目，将窗户改为适合自然通风的方式，中国和韩国的客户比日本人更担忧今后可能发生的灾害和可能发生的地震。

A3：与受到灾害影响的东北地区的和纸制作

工匠们合作，制作和纸扇子，然后分发给相识的人。从这把小小的扇子起步开始名为"e-j-p.org"的项目。

小泉雅生
小泉工作室
（神奈川县）

A1：呈现出了建筑的物质一面的脆弱和极限，另一方面，感觉到了作为人类生活的基础的建筑的意义上的分量。深切感受到了与建筑设计相关事物的责任。还有，认识到一切都依赖于机械控制的建筑的脆弱性，我再次思考，有必要回归到自然的建筑的存在方式。

A2：我认为客户对于能源和环境的观念发生了变化。还有，接受地震，与抗震改建相关的项目也开始实际施工了。

A3：缩小办公楼内的照明点灯范围，采取公用场地的照明人走灯灭、走楼梯（四层建筑）等措施。

小嶋一浩
CAt
（东京都）

A1：在宫城县牡鹿半岛鲇川滨调查并听取海啸受灾情况，通过archiadid（日本东部大地震后，日本建筑家建立的复兴支援网络）为复兴事业献计献策。配合其他受灾地的感同身受，我感觉，目前为止在建筑用地上建的封闭的单个建筑和地区以及地区社团的关系，作为一个积极的范例为人们所接受。

A2：正在进行基础设计的"白岛新站"（广岛市），用地处于国道的中央，国道被指定为灾害时期的广范围的避难道路。因为是土木混合的建筑项目，和原本的设计规定等结构上的性能要求怎么共处，一直被担心。震灾发生后，因社会氛围的变化，招标商也说不出"标准以上不在考虑范围内"了。

A3："宫城县迫樱高中"的所在地栗原市，遭遇7级和超过6级的强地震，可幸的是没有人员伤亡，据调查，现在正在投入修复设计工作。极限状态的PC和RC的强度的不同、螺栓的剪切破坏等，通过自己设计的建筑来检验。再次思考支撑建筑的物质的相关内容。

后藤治
工学院大学建筑学科教授
（东京都）

A1：开始认识到有必要研究预测海啸可能发生地的建筑方法。一般，用传统建筑方法筑造的建筑，其基础和轴设置连接不紧，具有抗震的优点。在预测海啸可能发生地域，基础和轴设置连接不紧的建筑被看好，如果建筑结构是依靠房梁和轴设置获得强度而不必依赖于墙壁和隔断的话，即使海波涌来，墙壁和隔断塌落，即可放出进入建筑物内的海水，建筑物不容易被海水冲走。再有，折旧期短的建筑在遭受灾害时，可以减轻露出的财产损失，也许这一想法也合理。另外，在预测海啸可能发生地以外的地域，传统建筑方法建成的建筑物，"迄今为止，本应受到轻微损害的建筑，由于建筑人员不足，传统建筑方法的单价上涨等原因，导致遭受到严重的灾害，我想这也可以算是一种变化。很惭愧的是，苏门答腊岛海啸地震发生时，我考察了亚洲各国的状况，却没有考虑在日本发生同样灾害的话该如何应对。反省自己思想意识上的疏忽大意。

A2：日本东部大地震发生前，没有着手兴建的具体的工程项目。城市保护等策划的项目没有什么变化。如果说有的话，就是受震灾影响，新项目推迟到明年以后开展了吧。

A3：在本大学，采取了一些措施：照明灯具采取相应的节电措施（如加除电灯泡，改用节能型的照明灯具），设定定时关闭空调电源等措施。还有，各校园电力消耗状况可以在电脑屏幕上查看。在防灾方面，在数处细节上重新制定灾害时期的计划。本大学，以久田嘉章教授和村上正浩副教授为主的人员已经实施了防灾对策，因此，这次震灾中，遭受的灾害几乎是在预料之内的程度（电梯的电线受损除外）。高层教学楼因灾害之前，抗震策略的计划尚在构思中，没有太大的影响。当然，我想，有关抗震策略计划实施容易得到项目相关者的理解。

小林浩
大林组设计总公司项目设计部部长
（东京都）

A1：对于基础的建筑的标准没有变化，在思考如何把人类活动场所的"建筑"建成为让人心情舒畅的地方的同时，也意识到探讨在灾害时期，加强建筑具有更加切实的保护人类的功能。
A2：在租赁的大厦，对于入住租房人，确保发电机设置空间等得要求比以前增多。还有，对于BCP，伴随硬件一面的探讨，灾害时期归宅有困难的人对策等，有关灾害时进行手术的具体探讨，对此类问题开展的讨论计划反响很大。
A3：在大林组公司，正在开展名为"绿色行动25"的节能办公、节能施工的活动。东京的东北电力管辖内，订立了总计比去年至少节能25%以上的节能目标。在品川办公楼实施清凉商务，设定不加班日，调节办公用照明的亮度和使用时间间隔，在实行部分停用电梯等措施的同时，力图在公司内网实现消耗电力可视化。

樱井一弥
SOY source 建筑设计事务所主持 东北学院大学副教授
（宫城县）

A1：在考虑针对这次巨大的灾害的复兴事业时，我感觉在利用土木混合规模封锁灾害方面技术有限。建筑的规模上，细心研究那片土地，同时给予因地制宜的恰当的解决办法。如生活和避难这样的软件部分和空间这样的硬件部分相结合，我认为，建筑本来具有的特性变得越来越重要了。
A2：震灾后发生了停电和煤气停止供应等事，因此，强烈感觉到一般居民也开始慎重地选定热能供应来源。还有就是，我认识到目前状况下，建筑公司、建筑技术人员的部署较难，在工期方面，希望有充足的时间，希望得到客户的理解。
A3：在办公楼，对震时倒落的柜子已经采取了防止倒落的措施。日本浸礼会仙台基督教会安装了防止抽屉弹飞的抗震金属器具，比起建筑物，对各种家居摆设采取了防震措施。2011年8月末，在我考察工作中到达仙台时，没有觉察到因节电而受到的重大影响。

佐佐木睦朗
佐佐木睦朗结构计划研究所
（东京都）

A1：日本东部大地震使我再次认识到，面对"想象不到"的灾难，建筑物、设备系统的冗长性的重要性。我以前曾经发表过与9.11事件（世贸大厦被炸事件）相关的论文《关于Redundancy的思考》，提到有关建筑结构冗长性的重要性，我想，这成为更为现实的课题了。
A2：本公司属于工作室型结构设计事务所，从结构设计的角度看，地震时探讨的首要事项应该是防止松软地层液化的对策，这是不容置疑的。除此之外，防止天棚脱落之类的非结构材料脱落的对策，防止家具或办公器械等的倒落对策，我认为都有必要在更宽的范围内考虑安全性问题，并力图实现类似的对策。这次大地震中，"仙台媒体中心"发生了最顶层的吊顶天花板的一部分因共振落下的不测事件，马上开展现场调查和原因调查，慎重商讨复原天花板材料的轻量化或者吊顶详细说明，实行防止这种天花板脱落及确保安全性的新建议。
A3：实行人人可以做到的常识性的节电措施，没有什么特殊的重大变化。

佐野吉彦
安井建筑设计事务所董事会社长
（东京都）

A1：几乎所有的建筑以平稳的状态为前提。社会稳定发展是筑建建筑方所期望的事。总结储备出应对灾害的智慧是自然的，建筑的命运,最终只能听天由命了。所谓的建筑也是有健康的生命力的。不管怎么说，首先自己吧保持乐观的态度坚续工作。
A2：每个人在灾害发生之后，对于不能自由行动而觉察到那种危险。论合建筑计划，与其说建筑是储备将来的强烈的能源，建起坚固的建筑的话，虽然有点儿"事后诸葛亮"，不如说，排除不明了的解决方案，可以看到真面目。 在这次地震中，不乏无法避免被困于大厦的例子，也不乏逃生不及时因而受害的例子。那么结合这些现实的例子，人们希望获得可以轻易出入的指示，希望标明外走廊楼梯的位置等要求居于前列，较之选择"强化抗震性"，人们倾向选择"强化防灾应对能力"。
A3：今夏，本公司从我做起，对自用办公楼和私营办公楼实行节电措施，还积极想办法转换工作方式，稳扎稳打地推行节电措施。社会的普遍倾向，对于关乎安全的超出数据标准的不安心理高涨。但是，那可能是政治领导力的问题或者是缺乏科学素养造成的结果。社会在震灾后下定决心做的事。在本公司内部，采取以下一系列节能措施：提倡积极做到"人走灯灭"，缩短工作时间，批准休假的"门槛"降低，对交流活动的关心度提升，还听说有人决定"闪婚"。除节电之外，没有发出特别的业务命令。

白川裕信
竹中建筑公司设计总部首席建筑师
（东京都）

A1：时至今日也没有改变筑造建筑的志愿，那就是要筑造"担负社会的责任，筑造让人眷恋的生机勃勃的建筑"。地震发生时，我身在日产汽车总公司的公共通道上。该处作为临时避难所，人们自发地聚集于此。近100人接受建筑物所有人提供的被褥和毛毯在此度过了（一个不寻常的）夜晚。网络上有接受避难群众的错误的揭示板留言，不可控制的信息的流传让人难以忘记那份恐惧。建筑的这一参与公众的性质不仅体现于提供硬性的条件，在非常时期运用其服务的质、信息管理的准备也非常重要，这是我时至今日萌生的最深最强的感悟。
A2：1.节能低碳的观念成为主流，震灾以后，尤其是办公楼和生产设施实行了显著的节能省电措施。
1.私人住宅的建设计划中，为了在城市基础设施（城市三通）被切断时，确保维持最低限生活的储备，决定实行井水的利用、设置太阳能板。
2.抗震和防震皆是通过模拟过去的地震而设想出来的安全性对策，理论上的信息给人"吃了一颗定心丸"。但是，日本东部大地震验证了建筑物的抗震和防震性能。这次地震中，抗震建筑的优势接受了考验，客户对于抗震性建筑的要求多了起来，抗震装置对于巨大的引拔力存在无法应付的缺陷，即使是大型建筑也达不到抗震的要求。
4.考虑综合性BCP对应的客户居多。其中，据点的分散和移动也列入探讨论题中来。
A3：1.关于外部装修，在设计阶段便运用解析技术，经过实际试验验证，然后制作并施工，因而没出现任何问题。内部装修的天花板材料等吊顶固定的副结构构材，由于吊板个别地方长度过长造成变形，施工拆除不足，因而发生了一部分天花板材料和墙壁损坏的现象。为此，正在探讨是否全面检查天花板材料重量稍重的地方。
2、在hotel dream gate舞滨（2004年2月竣工），由于酒店周边地基发生液体化现象，使得一楼的地板水平面出现断成现象，但是客房楼层部分由于采用了铁道高架桥钓桥的抗震技术，客户楼层没有遭到损害，这也验证了建筑结构的优点。

末广香织 & 末广宣子
NHS 建筑设计事务所
（福冈县）

A1：日本建筑学思想的根本就是世界变化无常观。这次也深刻体会到建筑本身存在着变化无常。福冈伸一曾经说过，"建筑存在的本身就是变化无常的，好象生物或者说有生命的物体一样在运动中保持平衡流动"。曾经认为建筑的构造结构是根本不便的，但是坚固不便的构造结构的存在也正说明建筑本身是变化无常的，就好象伊势神宫的神殿移殿仪式一样（20年一次）虽然是在抽象概念中存在的一种仪式但是却永久延传下来。
A2：九州北部并没有受到明显的海啸灾害，但是因为依赖原子能发电的供电，能量供应方面发生了问题，客户的观念意识也发生变化。不管预算多少客户都认真的考虑要采用太阳光，太阳能发电电池装置。
A3：事务所以前也是比较节能省电的，并没有因此而发生很大变化，唯一意识上的改变也就是随时关灯，另外骑自行车上班的人增加了。
完成设计的建筑物，比如社区区役所等办公场所为了节省开支减少经费已经开始采用部分点灯分别做业的办法。之外也没有更多的措施可以采用了。一般住宅用户夏天基本都不使用空调，白天也不使用照明器具。九州地区除了商业用户和事业用户以外，不使用电力都变成了理所当然，所以在这种情况下再要求节电也是非常困难的情况了。

杉本洋文
计划·环境建筑董事
（东京都）

A1：目前，正在开始应用临时住宅的研究，主要是使用本地材料。东北是交流紧密"感情"很强的地区，每个人都是自力基础上共同合作，一边维持以往的交流一边同时协力复兴生活。首先我认为实现临时性的城市建造是重要的。参加应急判临时木造住宅"松树房屋"的自愿者们再次体会到这方面的重要性，所以现在也一直在支持进行这个义务活动。
今后的城市复兴建设不管是否受灾，都要为了建设新城市而一起奋斗。借着这个机会，一边维持目前的景观规划，一边设计和建设防灾能力强的城市。复兴住宅和公共建筑方面要灵活运用东北的丰富木材资源和产业基础，也强烈的感到今后要在社会上加强宣传使用木造建筑的各种活动。
A2:现在得到的各种住宅建筑的委托，因为害怕海啸的危害都是购买的高台地段的土地，也有河流周围居住的住户迁移出来的。委托者对灾害的意识很强，借着这个机会来改变住宅环境。
A3：办公室在震灾中有很多书架倒塌，电脑损坏等的危害。为了省电调整了使用的照明灯的范围。今后房主也打算采用LED节能灯。<杉树城市店> 已经有一部分采用了LED照明灯节能。今后还考虑采用太阳能发电等措施。

铃木eiji
大建筑设计met
（岐阜县）

A1：这样规模的大地震就算是1000年一周期次也是无法避免的，经济也并非成长期社会也缩小化的这个时代，我想借机对现代住宅规划提出一些积极乐观向上的方案。
A2:以前设计的<Mobile house>（移动房屋，（*解释：移动房屋指的是土地是固定的房屋的外部和内部都是可以移动的建筑模式）客户（社会学者）虽然提出往灾害地进行移动的方案但是已经在实施当中的计划没有因为灾害而修改。
A3：一些小型企业导入了新能源供应的设计，但是由于需要的经费相次效果非常低，首先考虑即要设计可以使各种能量进行转换的方案，又要让一些能量消耗较小的区域间相互勾通交流，起到引导和推广这类建筑模式的作用。

妹岛和世
妹岛和世建筑设计事务所
（东京都）

A1：比以前更具体的考虑是否可以对应多样的自然形态的变化。
A2，正如建筑用户对灾害和节能源的意识不断变化一样，很多计画和规划也对遭受灾害的可能性而进行争议。
A3：我们公司的事务所在楼顶设置了苦瓜遮阳篷减少热量的负担。在太阳不足，上午和傍晚都尽量开窗让室内通风。逐渐习惯了这种方式，于已往每年的夏天想比更能感受大自然，以非常愉快心情度过了这个夏天。

多田善昭
多田善昭建筑设计事务所
（香川县）

A1：从土地和木材加工到完成一个住宅建设，对于保护包括大地等自然环境资源不受到伤害的加工形态，施工大小和方法都要进行研究。了解回归自然机能的变化是非常重要的。用于建筑用的原材料从树脂逐渐转换到自然素材。建筑物本身"廉价使用周期短"的产品相比更提倡使用"长寿命"的建筑结构。
A2：今年7月竣工的一个宗教设施（道场，集会设施）地震发生后1周左右，对于"液体地质化发生的可能性"和"海啸等原因而造成地质等受到侵害的历史调查"提出了质问万幸中这快土地曾经被怀疑有可能是绳文。弥生时代的居住遗址，为了调查是否埋藏有文化遗产曾经挖掘和调查过这块土地，当时证明了这里没有遭受过自然灾害的影响。委托人不只是对建筑物本身的耐震性能，对土质也增加了要求意识，这次的事情是个很好的教训。

A3:宗教设施的室内照明度,设计时通常是要求同时打开全部照明,主要是明亮度为主点的考虑方法,想把这种思考方式转换为一部分足够使用的观点在推荐过程中感到很苦难。现状是把试图吸引客人聚集的地点设计成比较明亮的场所,按照需要把这个地点使用的所有照明器具都打开。另外利用自然光,空气对流等设计要求也逐渐增加了。

田边新一
早稻田大学理工学部
(东京都)

A1:建筑环境到目前为止都是以平常的状态下进行研究的。原子能发电厂的事故造成的能源不足也对今后能源开发问题起到很大的影响。这次的问题让人们意识到不只是总的能源供应能力还要同时考虑到最高需求段的供应能力。供电、煤气、供水和上下水流量能力,通讯短期膨胀,在非常时期可以承受的范围程度,也必须在计画阶段就要考虑进去。

A2:现在在策划中的建筑,客户们更多的要求比较集中在蓄电池利用,热能源使用多样化以及BCP(business continuity plan)对应等方面。原来地震等灾害是几乎很少发生的事情没有考虑的必要,在提案阶段就被否决的设备等也都在逐渐被采用。应东京都的石原知事的要求,关与今后环境保护政策也进入到议程阶段。

A3:东京都室内7个大型商务办公搂实施节约用电都测量实际数据证明其影响性,包括室内环境以及对居住者的采访调查问卷等,也包含至今想测试效果但是没有实现的一些内容是一种社会考察实验。关于照明基本有500xl程度就没有大的问题,另外一方面当室温超过28度以上,得到的结果是不是很好。减少电脑和拷贝机等机器设备对消减建筑内部负担起到了很大的作用,以上得到的所有结果总结后都会在今后节能方案上得到利用。

谷尻诚
Suppose design office
(广岛县)

A1:和目前各事务所的立场和想法之间没有具体的大的改变。

A2:和东京供电公司有很大生意来往关系的客户有一部分中断了建设计划。虽然委托者也要求减少照明强度但是开始提供方案的时候就已经采用了最小使用量所以说计划基本上没有大的改变。

A3:事务所在夏季期间,先在房顶上洒水降温,然后再开空调。

规桥修
神户大学大学院 副教授·
tea-house建筑设计事务所
(兵库县)

A1:基本的部分没有变化,建筑和城市建设不只是达到一定的功能,更深刻的影响每个人的生活。所以需要不管是站在那个立场,每个人更要抱有对建筑和街道建设的意识,特别是不可抗拒的事实是当这次巨大的海啸到来时数不胜数的街道一瞬间就被消失。在重建过程中一定不能忘记这个教训。

A2:受福岛原子发电核泄漏的影响,很多正在建设中的住宅都临时停止建造,放射能的影响危害在没有办法解决的情况下使得停止的工程再有期限也无法预知。

A3:震灾后,复原"失去的城市"的模型制做规划活动开始展开。于之相连的计划中,建筑系的学生们为了复原气仙沼市震灾前的城市风貌,分别制作了各地风景的白色模型,

并和当地人共同作业把做好的模型等涂上颜色,按照原来的街景风貌摆放设置,还在当地组织了"记忆中的城市集会"其中收集很多对城市的怀念之情以及在遭受灾害时的各种体验。

辻琢磨
403architecture[dajiba] 合作主持
(静冈县)

A1:很多大的系统都失去一部分的功能(比如物流等),系统停止的原因造成所有建筑周期都明显延长。(比如制做厨房下水管道连接用各种零件的工厂因为受到灾害而无法发货造成建造中的所有工程都延后了)建筑师和建造部门自己可以制做的都亲力亲为,同时意识到小而精的设计更便于各种搬运,灵活应用。

A2:事务所是在震灾后成立的,所以对于灾前灾后的变化没有大的体会。尤其是滨松地区的各种工作都是以市中心地段为主各地区相互便利交流为目的,感到这也是适合灾后社会关系的一种变化。

目前作品"屋美的床""三展的休息所""头陀的墙"等都是属于以交流为主题群而创作的。

A3:面对震灾中显露出来的关与建筑材料供应系统的脆弱性,现在改建中的借贷用房地产的一个房间使用了"海老家的段层"设计。除了最低程度需要的购买使用的器材设备以外其它材料的购买,物资搬运和解体工程等都是自己亲自施工。原材料物资是从大型家居超市购买的,现场解体工程中产生的废料也被再次利用,采用的设计都在自己可以吸收和承受的能力范围内。

土井一秀
土井一秀设计事物所
(广岛县)

A1:震灾前就对环境、施工的场所、风力水力等自然能量和材料的利用以及每个地方的传统技术等注意吸取和研究。积极的利用这些特点是我一贯的想法。在震灾以后,和委托人于建筑相关的各种人的能力以及对环境的意识都越涨越高,也创造了和这些人共有一个观念的氛围。

A2:建筑物的安全性和有效利用能源方面的创造意识在逐渐增长,所以对这些要求有必要进行彻底的解释说明工作。这次的震灾造成这么大的危害都是亲眼目睹的,只单纯的说明可以绝对保证安全也变得困难了。在考虑了解好于坏二方面的基础上来理解安全性是很有必要的。

A3:我的设计活动几乎都在广岛县内,日常生活当中没有直接体验到的不方便和感到对身体的限制。这点上和在东日本生活的人们有很大的区别。我的事务所虽然没有浪费电力但是也就是采取一般情况下的节能省电措施。

岛山亚纪
清水建设 建设本部 医疗福祉设施设计部组长
(东京都)

A1:医院在震灾时作为社会的BCP据点,通过建筑物本身(硬件)与运营管理(软件)两方面实现BCP功能。一直以来这也是医疗设施的设计师与客户共同协调、共同从事的课题之一。日本东部大地震以后,随着客户方意识的提高,解决高度问题的需求在逐步增加,这也让我们感受到了作为设计师的社会责任的重要性。

A2:为了保护发生大地震时正在进行手术的患者的生命安全,某小规模急诊医院决定安

装免震结构。迄今为止一直都是一些能够作为据点的大型医院安装抗震结构。以日本东部大地震为契机,医院的经营者都开始关注BCP,要求所有的投标方都能提供BCP方案。

A3:让人工呼吸器、人工心肺器运转的电力可以说是医院的生命线。计划停电消息发表后,关于发电机设备的咨询接连不断。静冈县的某医院获得政府辅助金,增设了发电机。由于地质液化导致地下埋设管道发生破损的医院,为了能够立刻找出破损处,将管道挖出地面并进行了修理。

丰永正登
久米设计 设计本部第1建筑设计部
(东京都)

A1:日本东部大地震以后,作为节电对策,车站等公共场所减少了照明数量,并降低了照明亮度。然而这并没有让大家感到不便,相反有很多人感到这样比较舒服。不知何时开始办公室的亮度基由500勒克斯提高到750勒克斯,人们就适应了这样的环境,没有察觉到能源的过度使用。而这次的震灾让我们察觉到了这一点。既能够提高防灾性能,并且在遭受灾害时也能自我维持的建筑(我公司正在研究开发的"LCB"(Life Continuity Building)),就只有能依靠最低限度的必要能源运转的eco建筑一种。并且人们开始追求既古老又新奇的建筑样式。

A2:在现有建筑物的耐震改修案件的逐渐增加的同时,对于新建建筑,无论是政府部门还是普通居民,都从BCP观点,特别关注对灾害对策的提案,防灾与节能的共存已成为焦点。改修案件中对灾害对策的需求也在扩大。用户也在追求安全安心的建筑,这也将会成为建筑资产的评价标准吧。

A3:将总公司大楼定位为"实证的场所",采取·检验以下手法,并反馈到设计中。
1.作为空调能源同时使用电力与天然气,从而抑制震灾以来高峰期的电力使用。
2.从以前起就设置了隔热卷帘,以谋求节电与舒适性的并立。
3.震灾后,办公室内通过照明亮度调节平均照明亮度减少了一半,并且积极地利用日光,从而月电力使用量大约减少了30%。
4.从几年起就开始了清凉商务装(6月~9月的4个月)

内藤广
内藤广建筑设计事务所
(东京都)

A1:能够更直接地考虑人的生死与建筑或都市的关联。

A2:在都市计划与公共建筑物方面,人们对防灾的关注在与日俱增。对涩谷车站中心都市再生特区计划中的设施降雨量进行了重估。

A3:没有什么特别的对策。

中园正树
松田平田设计 董事长
(东京都)

A1:日本东部大地震成了我们重新认识城市(包含建筑在内)的基础生活设施的一个契机。防波堤没能阻挡得住巨大的海啸,整个城市都被吞没了。这就要求超出"建筑"所能解决的范围,扩大土木(工程)规模的空间性及时间性思路。另一方面,也有很多像海啸避难大楼的计划性设施及核发电设施的安全性保护等依靠"建筑"解决的问题。从今以后的复兴,将被认为是解决世界上很多都市建筑方面课题的一个模型。

A2:设想一下设想外的事情……社会上的意

识真的会发生变化吗?震灾过后不久大家共有的意识不能只是一时性的。耐震基准也必须彻底地重新考虑一下。每次地震过后耐震基准都应变化一次,而不应该是一成不变的。

A3:研究开发设施有数座办公楼高峰期需抑制电力使用,因此要求增设自家发电设备(我公司实施的节电对策与前年同月相比电力使用量减少了20%~27%,高峰期电力使用再减少了10%~23%)。另外,在全国范围内都设置有设施的企业,除要求重新考虑全设施的耐震性能外,还提出了关于风险管理的咨询业务。

中原祐二
中原祐二建筑设计事务所
(鹿儿岛县)

A1:无论任何地区,人们都使伴随着很多灾害的风险,世世代代居住过来,日常生活中都优先考虑便利性。这次灾难中听到了很多受灾者说"如果可能的话我想回去",起初我很是惊讶。但是后来我觉得,人们都老是去考虑安全性,往往将"想住"的心情抛之脑后。

A2:现在我们主要是在鹿儿岛机宫崎县一带开展工程,受震灾的影响电梯、家具的交货期都发生了延期。这都是由于被关东的工厂生产停止所造成的。但我们并没有感到客户那里有什么变化。我想这还是由于包括地震时在千叶县居住的客户在内,日本东部和南九州地区的状况有所差异的原因。

A3:并没有什么太大的变化,我公司办公室里大家为进一步节电而努力。无论是震灾前后客户的节电意识都很高,LED的使用率在扩大。

中村拓志
NAP建筑设计事务所
(东京都)

A1:由海啸所引起的浸水范围的设定及避难安全对策,地盘的液状化判定及地桩、地基形式的设定,灾害时电源失败时的后备电源对策,构造设计上的地震力的设定,地震时天花板材料及玻璃面破损的对策,室内家具的固定,能源自给率的提高等诸多方面,与震灾前相比,人们对安全设计的意识都发生了变化。

A2:有客户要求改善"东京国际机场第1旅客候机楼内JAL国内线休息室"的照明计划以达到节电要求,另有客户提出关于非常时期电源失效时的后备电源对策,这些都通过设计变更来进行对应。在住宅设计上,有很多客户要求由电气设备转换到煤气灶,客户方对能源的意识在逐渐发生着变化。

A3:本公司办公楼在震灾、核电站事故发生后不久,有两周之久动员员工们回老家或在自家住宅进行业务工作。我们没有实施计划停电,也没因震灾而发生什么大的损坏。本公司所设计的竣工地产也未受到大的损坏,也没有实施什么特别的震灾对策。

中山英之
中山英之建筑设计事务所
(东京都)

A1:发生了很大的变化。我们感到,与在瞬间发生的事故中建筑发挥作用的难度相比,建筑在长期状况下所能发挥的作用肯定要多得多。

A2:目前,还没有能够直接感受到的变化和要求。我想以后会逐渐出现吧。

A3:也许是由于竣工的建筑物太少,目前还没有什么具体的现状报告。

西田寺
OnDesign
（神奈川县）

A1：我感到，就连渺小的自己的日常生活也是与都市和社会这样大的总体信息相关的。与此同时我也深深地再次认识到，筑造这样一个小的建筑，也并非是个别的，而是社会性的公共行为。

A2：人们通过设计"生存"价值来考虑日常生活中的住、食、人与人的集会等。一位民宅客户曾说过"震灾前为什么如此讲究厨房的样式"，这句话给我留下了深刻的印象。我感到，建造方与使用方有必要加强交流，促进提高建筑物价值的对话。

A3：目前所设计的建筑物中并没有实施什么特别的对策。

在我们所进行复兴支援的宫城县石卷市的中心市区，遭受过海啸灾害的商店街的店主们，并不是将城市恢复到以前发生空洞化的时代，而是有效地利用着社区共同体，将城市建设成一个有着形形色色的人们生活的中心市区。他们参加了一个叫"石原2.0"的城市建设复兴团体，这个团体以开放式平台收集着居民的呼声，具有多样性，同时多发性，不断更新转变。

西村浩
Workvisions
（东京都）

A1：我发现自己对工科的"假定"抱有着盲目性的信赖。所谓的"假定"，是人类将自然现象的发生从概率论中区分出来，是人类擅自的创作。这是多么的脆弱。然而建筑这种行为，如果今后也认为它是建立在这种脆弱性的基础上的话，为了使其完善，我想就必须依赖迄今为止被人们所蔑视的先人们的经验与智慧。

A2：在灾害中保护自身的意识，从依存于城市，已逐渐转变向个人承担的方向。民宅客户通过自家安装和安装太阳光板来进行自我防卫。与此同时，在大规模的公园项目上，3.11以后，突然开始要求设置直升飞机场、防灾贮备仓库和临时厕所等。城市方也在防灾方面努力恢复在市民中的信赖感。

A3：我们的事务所在品川港湾地区的钢筋构造的平房仓库里。海啸灾害并不是事不关己的。震灾后，我们努力实施节电措施，作为海啸对策，我们还确认了附近的大楼。另外，虽然还没有具体实施，但对于玻璃面较多的建筑，作为节电对策，我们正在探讨采用玻璃的隔热滤光膜。

野吕一幸　河野晴彦
大成建设　常务执行董事　设计本部长（野吕）
大成建设　设计本部　理事　副本部长（河野）
（东京都）

A1：根据对日本地理情况与历史上灾害的考察，此次的灾害已为我们制造了一个考虑建立新的国土的机会。超越土木和建筑的界限，不仅是与建筑相关联的企业，各行各业的企业·团体·国民齐心协力，建造一个地区共同体共有的崭新的秩序观与价值观，共同迈进，打造未来。（野吕）

以此次大地震为契机，技术革新会有所进展吧！人们已重新开始考虑建筑本应必备的价值与需进一步提高的附加价值。例如，作为更为安全的防震措施的抗震结构与防震

结构，作为环境对策所提出的更为节能的太阳光发电等方法，显示出真正的价值才跃居主角。（河野）

A2：提案时BCP对策是必须的。具体来说，包括特殊情况下使用的发电机容量的增加，服务区域灾害时使用的对策，水灾对策等。结构方面以抗震结构为前提的案件商谈有所增加。客户要求考虑用地的地震可能性、地盘特性等，包括非构造材料和设备等在内要求具有综合性耐震性能。客户对自然换气、太阳光利用等自然能源利用的关注也提高了。

A3：增设用于高峰期抑制电力使用时的发电机的要求增加了。关东地区的某生产设施内，设置了县内民间企业的最大级别的太阳电池板。2010年竣工的都内总公司大楼，作为节能大楼与重建前相比实现了30%的电力削减，由于震灾的发生要求进一步削减15%电力，这样一来是否会有损本来应有的舒适性已成为问题。

芳贺沼整
HARYU WOOD STUDIO
（东京都）

A1：震灾后开始持有这样一个疑问，建筑为社会活动究竟带来怎样的效果。我认为震灾后的现实不允许迷茫，需要准确的判断，甚至可以改变迄今为止的价值观。我还觉得，除"价值观"外的另一个词语，即"临时设置"的概念中在各种意义上来说存在着可发展性。这也与木结构临时住宅是有关联的。

A2：也许是为了消除莫名其妙的不安，用户开始更关注构造结构。从前年开始实施的住宅瑕疵担保制度的中间检查显得非常适时，即使费用有所增加，用户对地基下的地盘整备，构造计算书的制作等予以了理解。

A3：住在我们所设计住宅中的郡山市的两户人家，都位于核辐射污染危险区域附近。虽然我们还没有找到什么解决方法，但作为核辐射对策进行了支援。

经营养鸡业的S先生的家中，外部核辐射量达到2～3微西弗，关上窗户后虽然数值有所下降，但一通风后辐射量测量值马上就会升高。所以户主一直保持着密闭空间。到了夏天，不通风的话，室内热量无法散发。虽然户主迄今为止一直以不使用空调为信条，但经过我们的提议后，已决定安装空调。

有三个孩子的T先生家，虽然曾探讨过在低成本房屋两地居住，但是很多人都离开了郡山市，最后还是决定继续住在我们所设计的住宅里。他们决定更换院子里的土壤，除仅留下一棵纪念树外，其余处都将覆盖一层混凝土。而且还讨论在住宅内部，使用X光室里使用的具有防辐射效果的材料作为内部墙壁。

长谷川豪
长谷川豪建筑设计事务所
（东京都）

A1：迄今为止有不计其数的建筑受到人们的追捧，引起人们的议论、思索，被人们所建立并运营下来。建筑拥有者各种各样的面孔，其中的任何一个都是"建筑"。经过这次震灾后，我再次感受到建筑的庞大与扩展，而且我开始考虑设计能与这种庞大和扩展相符合的建筑。

A2：我现在正在参加石卷市幼儿园的项目。以这次震灾为契机，幼儿园的人要求一个能维持幼儿园与地区间联系的空间，这也许是震灾前所谓的"可有可无"的，在优先顺序上地位较低的空间。

A3：事务所跟以前相比，最近开始实行"早上班早下班"的工作时间。大家都反应说想尽可能的在自然阳光下工作。

原田真宏　原田麻鱼
MOUNT FUJI ARCHITECTS STUDIO
（东京都）

A1：从震灾前起，在结构与材料能方面，都是按照建筑的具体性进行设计，现在我们更进一步对此做法的意义加深了认识。我们感到，建筑不应单在自然科学方面追求合理，现存的城市及文化整体都应从自然伦理的角度予以重新考虑研究。

A2：当今社会，人们不是依靠机械力强制性地驾驭自然，而是更加追求趋向自然的建筑。这也许就是贴近自然原有性质的生活吧！具体来说，通风、房檐及双层皮外围护结构等自然手法的需求在扩大。另外，与城市建设相关的大规模项目中，开始了筹备智慧电网的设备计划。震灾后所有客户都很冷静，没有人提出什么无理的要求。

A3："near house"中，在房顶面上施加了断热涂料，减少了热量流入和空调负荷。在"雨晴的住处"中，在玻璃面上贴上了断热薄膜也得到了同样的效果。比较与众不同的是，在"VALLEY"中，由于炎热在水盘里玩耍的机会较多，所以就改变了设定，少许增加氯气的供给。

针生承一
针生承一建筑研究所
（宫城县）

A1：建筑师是无力的！我想建筑应该是保护人的生命，容易避难的场所。我深深地感受到人际关系的重要性，想创造一个大家互相帮助、共同居住的共同体。

A2：对安全性的期待提高了，考虑复合建筑物的人增多了，也出现了消除不必要要素的见解。

A3：本公司设计的几个遭受海啸和地震灾害的建筑物都是以政府的想法为修复前提的。虽然建筑物的运营自治体都希望今后能采取更加深入的对策，只是因费用问题都陷入了窘地。

仅为修复竭尽全力，或者在修复的基础上积极谋求复兴，该采取哪种方案这与各大自治体的受灾情况的影响有很大关系。不能够准确将来，采取一个积极的探讨对策，让人很是焦躁不安。

目前正有采取LED化的方案的动向。人们对节能对策的关注在扩大。太阳能发电等对策也在积极向前发展。

日置滋
清水建设　常务执行董事　设计本部长
（东京都）

A1：我们再次感受到了高深莫测的大自然的力量。每逢发生震灾我们都回重新考虑研究建筑。这一次我们也看到了海啸、地质液状化等新的课题。理所当然除了要解决这些课题外，我们不能把责任都推到建筑身上，而是有必要重新构筑一个包含社会系统在内的城市基盘。我们的目标不是"与建筑的对峙"，而是"与自然共存的城市建设"。

A2：震灾后，很多项目不是中止就是被重新考虑。这其中的项目有正在设计中的，也有正在施工中的，可也说是多种多样。重新考虑的最大要点是建筑经受住大地震后人们的"生活维持"及作为设施的"功能维持"。目前正处于没有官方指引的状况下，我们有必要对顾客对社会，提示出包括基础生活设施在内的全体建筑的"最佳方案"。

A3：本公司技术研究所通过有效使用以智能电网为中心的能源管理系统，主楼契约电力570KW，高峰期最大使用电力却只有400 KW（削减了30%），试验楼总计契约电力1800KW，高峰期最大使用电力却只有1080 KW（削减了40%），整体来看本年度夏季最大使用电力削减了37%。具体来说，通过实施包括太阳能发电在内的自家发电设备以及蓄热、蓄电的有效使用，考虑了设施方需求反应的设备运转，试验设备的轮番使用等措施，来实现电力负荷的平准化。另外，智能电网还在"清水建设本公司"，"新墨西哥州日美智能电网实证"（NEDO委托事业）等处有所开展。

平田晃久
平田晃久建筑设计事务所
（东京都）

A1：建筑师不仅单单要考虑单体建筑，还要考虑作为集合体的样态，总之必须要一个崭新的想法。我觉得必须要考虑能超越以核发电站为象征的20世纪思考法的建筑。

A2：竞争的纲要中，不仅主体结构，附加部分的安全性也明显受到关注。不是在某个前提下计算，而是要综合地考虑安全性，对此人们已达成共识。

A3：节电对策当中，我觉得开冷气的原因不是因为炎热，而是噪音（道路的噪音等等）的缘故。我想这也是考虑噪音的吸音与能源意识型城市关系的一个契机吧。

藤本壮介
藤本壮介建筑设计事务所
（东京都）

A1：以本次震灾为契机，我的对建筑的认识所产生的变化恐怕应该是这样的。即如何能够创造出根源性的富裕，特别是建筑师所设计的"建筑"作为人们生活根源的场所，如何能创造出新颖性、根本的真实性。对此，无论是有意识的还是无意识的，我都开始更加深入地思索。这也曾是震灾发生前我在建筑方面的一个大的课题，以此次震灾为契机，我开始对新的真实性产生了意识。

A2：目前还没有发生什么特别的变化。

A3：这方面也没有什么变化。

古市徹雄
古市徹雄都市建筑研究所
（东京都）

A1：我痛感到建筑对待自然没有什么安全基准。近代建筑以20世纪的科学技术为后盾，欲要征服自然。其结果是，我们必须要重新考虑被我们所遗忘的先祖们在恶劣的自然环境中积累下来的有关建筑的睿智。这已经受到全世界的瞩目，通用于不同地域。与现代高科技相结合的话，21世纪也许会诞生出更加新颖的建筑样式。

A2：福岛市绳文博物馆（3月中旬地震后，处于实施设计最终阶段）：照明灯具由悬吊式改为与天花板直接连接，增加了耐震壁。确认了以前没有注意过的天花板的安全性能，并再次检测了玻璃的强度。

笛吹市多功能圆形剧场（处于基本设计阶段）：再次探讨能够作为避难设施的设计计划。

会津医疗中心（开工后不久发生地震）：关于是否有必要全部采用免震结构曾进行过讨论，但通过这次地震，认识到了全部采用抗震结构的正确性。

A3：本事务所：上午不开冷气。由于是在一楼，所以最大限度地打开门，并在地上洒水，用窗帘来遮挡直射阳光。与去年相比成功地

减少了25%的电量。

岩手县山田町立鲸与海博物馆：全面遭袭了海啸但博物馆骨架并没有受损。但是窗框、玻璃遭到了破坏。目前正在探讨对其修复与再利用（包括海啸展等在内）。鲸鱼的骨骼受到了海水浸泡但奇迹性地没有受到损害，市民深受鼓舞，并把它作为复兴的象征。

古谷诚章
NASCA
（东京都）

A1：迄今为止的建筑只有得到人们的使用才可称得上是建筑，所以今后我们在建造建筑时，就必须要考虑该建筑如何地去使用。印度洋苏门答腊岛地震发生海啸时，以及这次被称为是"釜石市的奇迹"的所有儿童全部避难时，有的人看到别人避难自己也幸免逃出一劫。我想对"可视化的共同体"进行更深入的思考。

A2：虽然谈不上直接地、具体地发生了什么变化，关于发生特大灾害时的风险回避进行考虑的用户开始增加了。比如说，原本生产设施仅集中在国内一处的用户，考虑在西日本也新建一处生产据点，将生产据点分为两处进行生产。一些自治体正在重新重点探讨确保临时避难场所的问题。

A3：对于已经竣工的建筑，目前并没有针对震灾对策做出任何举措。对于正在设计中的建筑，作为进一步的节能对策，以及为了停电时能维持最低限度的建筑物机能，目前正要采取采光、自然能源发电、有效利用井水等措施。

细田雅春
佐藤综合计划 董事长
（东京都）

A1：以日本东部大地震为契机，所有的社会系统明显出现了扭曲。作为一名建筑师，我想提议一种安心、安全、舒适的城市建设方案，来解决高龄化及地区产业构造变化等新的社会系统方面的课题。另外，我觉得这次大地震，也成为了对以新城市整体为前提的、小型的能加强人类羁绊的共同体形式进行重新思考的一个契机。

A2：除个别工程外，我们开始接受用户提出来的关于海啸和地盘地质液状化等地震对策方面的疑问。具体来说，关于免震、制震、耐震结构和副构件等的设计方法是多种多样的。硬件方面的对策是很重要的，而立足于事业继续性（即着眼经济性、市场性）的可持续发展的建筑，即软件与硬件一体化式的考虑也是很重要的。

A3：关于节电对策，本公司总公司办公楼内，以电量消耗最大的空调为节电对象，最大节电效果达到了30%左右。
1.空调时间的管理（安排了全楼停止开放的夏季假期，平时办公时间内空调实行计时管理）。
2.冷气温度设置为28℃（为不影响工作效率，可凭各自判断调整设定温度）。
3.虽然空调负荷大的大空间内限制空调使用等措施（1、2楼的入口大厅，7楼的食堂），是提高节电效果的主要实施项目，但我认为更具效果的办法则是让所有员工提高节能意识，通过个人的具体行动，来提高整体的节电效果。

堀尾浩
堀尾浩建筑设计事务所
（北海道）

A1：我再次对"继续存活的建筑"进行思考。例如，现在正在设计中的住宅，40年后（2050

年）仍会屹立在那里，如果对这样今后几十年都一直居住着的住宅认真地进行探索一下的话，无论是从能源方面，还是从挡雨的机构方面，我都觉得有必要从思索的根本起重新进行一下反思。究竟什么样的住宅在未来能一直存活下去，我决定花时间好好地进行一番思考。

A2：通过与用户的商谈，我觉得关于暖气能源的选择的意见咨询在逐渐增加。我所在的设计据点北海道，选择全电气化的用户很多，但另一方面，我感到也有很多用户在努力理解可使用的能源的特性，之后并跟我们一起考虑选择使用哪一种暖气方式。

A3：我们正在努力革新迄今为止我们所使用的设计方法，让它有更全新的发展。例如，在建筑物里，为了减少冷气、暖气的能源消耗量，采取提高隔热性能或有效使用自然能源等设计方案。

益子一彦
三上建筑事务所
（茨城县）

A1：我感到像《建筑基准法》、国土交通省官房厅营缮部监修的《建筑工事施工监理指针》、《建筑工事施工监理指针》等被人们公认的信赖的制度及规定都只不过是最低限度的基准。我对建筑设计有了新的认识，即所谓搞建筑设计，应在自我责任范围内设定一个能够确信的难度。

A2：由于实施与否是由客户方来决定，因此有很多项目不得不中断。公共设施的客户由于很难预测所拥有设施的修复费用，地震前做好的新年度预算也一直无法执行，因此从4月到5月中旬项目一直处于状态，但最终还是按预期得以实施。

A3：迄今为至我们所在办公大楼由于地震楼体受到损伤，目前我们将事务所迁移到曾经由本公司设计的一座楼里。另外作为节能对策，根据情况对室内空调温度进行调整。但由于本年度夏天温度、湿度过高，我们对所员的健康管理进行优先考虑的同时，也在为注意不有损职工工作积极性上做出了努力。因此与节能相比，我们更加重视所员的健康管理，在冷气使用上没有做出过多的控制。

松原弘典
北京松原弘典建筑设计公司
执行董事 庆应义塾大学副教授
（中国，北京）

A1：考虑这个变化我想还需要一些时间。

A2：在新宿的住宅改造项目中，我们曾做出了全电气化的计划方案，但商讨的结果最后还是决定留下城市煤气。并有用户要求在顶楼设置暖炉。我不禁想起我妻子仙台市的老家在地震过后虽然无法用电，但煤气却一直可以使用这件事。从几年前我就经常遇到一些想在日本投资（在日本建设别墅）的中国人，但不知道这次地震过后会变得怎么样。但我觉得，虽然有些人会因地震和核辐射问题而放弃投资，但有些人反倒认为这是一个机会而产生投资的念头。这就像地震过后虽然从中国来的游客有所减少，但现在几乎已恢复到地震前的状态。

A3：今年夏天，我们从日本运过去了将要在正在施工中的金沙萨的ACADEX小学设置的太阳能光板。在准备太阳能光板时，我感到日本的太阳能光板供应，仅限国内工厂来说，有些倾向于商业化。起初我认为金沙萨的ACADEX小学项目只是一个小型的实验型项目，因此我便会考虑将它与企业的捐赠或赠送，我也为此做出了各种努力，我是以此购买的方式拿到的太阳能光板。震灾给日本国内的太阳能光板市场带来了商机，因此这企业

大概都认为没有必要把太阳能光板捐赠给海外项目吧！我觉得，大学以外的研究基金也都是集中在某些特定的领域。这对于从震灾前起就相对进行相同项目的人或企业来说，是有些多么的不合理！

水野一郎
金泽工业大学教授
（石川县）

A1：对曾经在摸索解决人口、经济、财政的缩减化等问题的地区来说，东日本大地震和核辐射事故无疑对该地区的可持续发展性、安心安全性、能源的供需与自立性的构筑等方面提出了要求。对此，类似"建设一个这样的地区吧"一样的建议与行动在各行各业争相涌现出来。在此，大家终于从以成长为目标、依赖中央体制及技术信仰等固有模式中脱离出来，而实现了健全的模式转换，并共同形成了这样一种价值观，即重新抓住地区环境特征，自食其力，构造固有的生活文化。我们想落实并实现今年夏天的这个巨大的转变。

A2：现在正在进行中的大学教室大楼建设项目中，一如既往地收到了耐震、避难、节能等要求，其它方面虽然没有什么特别的变化，但本次首次设置了用于储备饮食用品、医疗用品、寝具及工具等的储备库。另外，金泽大学与当地的野町市政府签订了"关于灾害及防灾对策的合作协议"。

A3：竣工不久的大学福利保健设施内，双层幕墙及天窗的安装，屋顶绿化的采用，走廊、楼梯、厕所等处感知型照明的设置，震灾后再度受到了好评。

宫本佳明
宫本佳明建筑设计事务所
（兵库县）

A1：我对建筑的想法没有发生任何变化。或者可以说，对例如建筑只不过是从地面生长出来的等迄今为止的这些想法，我又有了重新的认识。同时我又再次深深地感到，只有战争我们是不允许的。在与灾区的人们相处的这段日子里，我又感慨到，我真的是无法用语言来表达我对日本所有的风景是如何地喜欢。

A2：在某地区计划的旧帝室林野局（2层木造结构，隔层面积总和867㎡）的耐震度加强兼房屋改造项目，事实上已经停顿。震灾过后，议会上有很多人对耐震性抱有不安，争议结果，决定除只保留外观印象外，内部需进行彻底重建。

A3：没有采取任何措施。周围也没有听到有人采取什么措施。也许可能是由于在关西的缘故吧。但是，有关冷气与通风的原理在根本上的不同，开空调时与通风时拉门的开闭方法，以及微气流的重要性等，我们对事务所的员工们进行着彻底的指导。但是作为一般的员工想法，我对有些没有考虑节电对策而设计建造的房屋及电车内提高空调温度的做法无法理解。另外，每次看到便利的门关了一遍又一遍而又被人打开不关时，我就会在心里呐喊：空调可不是冷气制造装置啊！接着我会随手把门关上。

谷内田章夫
WORKSHOP
（东京都）

A1：我们要以虔诚的心去对待不可预测的自然力量，我们再次认识到靠技术的力量是不能够对抗自然的。我们不应单单从建筑的视野，而应从社会、文化等多方面去捕捉自然，特别是对虽然反对核发电，却没有

采取具体行动，而将问题搁置一事，应该深深地反省。

A2：虽然有很多人要求安置抗震结构，或采用照明的LED化等节电措施，但是我感觉这些表面上的东西几乎没有发生什么变化。与此相比，我倒觉得以效率优先的社会状态，人类的生存方式在不断地发生着变化。而且我觉得这种变化是必然的。

A3：使用塑料板划分通顶空间，并使用电风扇进行局部空气调节。但这不是根本性的对策。我们想建造一个能考虑外部断热、通气性、自然采光等，尽量减少能源使用，并符合精神风土的开放式住宅环境。

柳原照弘
ISOLATION UNIT
（大阪府）

A1：不能说是在震灾后发生的变化，因为我从以前起就一直在考虑，光在建造建筑上就存在着许多需要建筑师解决的问题，建筑师的工作变得越繁重。面对肉眼看不到的建筑，我们现在能做些什么？今后应做些什么？思索也变得越来越重要了。

A2：震灾后，我们将据点从大阪移至京都。为了减少海外客户对日本的不安，我们感到有必要与客户加强交流。于是我们将据点移至到设置了高级住宅的京都，并开始实施一些能够与客户能进一步加强联系的项目。

A3：目前，在我们提案的公寓翻修项目中，有意识地采用了不过多使用电力的设计手法。例如，不在天棚安装照明器具，使用最小限度的台灯。减少墙壁增加空气流通，以减少空调的使用量。

山崎亮
Studio-L
（大阪府）

A1：虽然没有什么特别的变化，但我感到有必要扩大"建筑"的概念，确立"建筑"在以共同体为首的"人与人之间的联系"方面的职能。

A2：我所从事的所有项目中，都会听到有人说"想想地震发生时的情形的话，还是觉得共同体很重要啊"。由于人与人之间联系的重要性在全国都得到广泛传播，有关共同体设计的工作也在大幅度地增加。我不知道有关物理性大楼建设的工作是否在增加，但有关团队建设的工作毫无疑问是在增加的。

A3：我在城市工作时，曾对从各地收集能源和资源却浪费使用的工作方式感到过疑义，于是我们将一部分办公室迁移到了三重县伊贺市。我们打算在废弃的木材制造厂遗址处建立办公室，并使用当地产的木材进行内部装修工作或制造家具。我们想在与地区的紧密联系中舒畅地工作下去。

山下保博
天工人工作室
（东京都）

A1：对材料和街道，怎么用"时间"以及这两者的"存在"方式引起了人们的兴趣。这次灾难是地震、海啸、核辐射三大灾难的复合型灾难。对应方法也各不相同。在思考为了应对这些问题建筑所应有的对应"存在"方式的同时，我觉得今后天工人思考的建筑将会逐渐地发生变化。7月竣工的EARTH-BRICKS恰好是土块结构的建筑，这非常有意思，富有启发性。

A2：震灾之后，3月到6月的4个月中，新客户的工作依然骤减，事务所运作困难。7月以后，咨询业务开始有所好转。有几位民宅客户来工作室咨询，他们介意受核辐射污染

的污泥混入水泥中，前来咨询检查方法及监理方法。为此，施工公司与生混凝土厂家合作，目前正在顺利地开展检查的计划工作。

A3：电力供给困难时期，在表参道的事务所也采取了调暗灯光照明、勤关电源、控制空调的使用等普通节电措施。关于施工现场，虽然建筑材料的物流最近有所稳定，但是外壁的长尺寸建材进货不能保证时采取了装修用的薄金属板来代替。针对上述的混凝土的问题，本公司购入探测电离辐射强度的记数仪器，自行检查数值。

山梨知彦
日建设计 执行董事 设计部
负责人
（东京都）

A1：我感觉在震灾发生以前，所谓的"环境建筑"不过是打着"环境"的旗号以期达到商业目的的建筑。（对这一概念，）我有了新的感悟，无论是在平时还是在非常时期，社会上需要承担必要的作用、朴素无华的真正意义上的环境建筑。加之，在震灾发生以前就听到过的颇有诗意的"安心感"一词，其实，对建筑所肩负着的重任，现在我更加深有感触。

A2：所有的工程项目，即使在非常时期建筑应该如何继续其所承担的重任，这一问题被提出。另一方面，可以说"事业继续性"成为流行的社会风潮，重要性和意义无需赘述，在震灾的昏黑的废墟中提倡"事业继续性"，这一极其重要的问题仅仅如昙花一现即在社会上消失吧。应该继续的事业和最合适的继续方法的提案，感觉到这份重任有待建筑师们解决。

A3：想起超出想象的事态，笼统地想到，应该给配置空调、照明、电梯等人工环境的办公楼 加入一些自然的东西。本着不知何时可能会以某种方式发挥作用这种正直的想法，一直以来都给办公楼建设了露台，配置了专用楼梯和大窗户。"木材会馆"和"索尼城大崎"便是其代表例子。"饭田桥fast大厦·fast大厦饭田桥"，在这幢大厦上实现了空中庭院设计。 即使发生设想之外的事态也一定会将安心感和空气流动。在"饭田桥fast大厦"，为了居住于离地40米的空中庭院上的居民，在空中安置了储水池，不仅在非常时期，储水池能像并一样能满足人们的用水需求，还可使其成为平时的抽水动力。"木材会馆"使用了可燃烧木材，虽然想了许多符合标准法安全性的办法，考虑解决预想范围外事态可能发生，设置了从露台搭制的单独的避难楼梯。在"索尼城大崎"，使用NAS电池解决非常时期的停电，同时，在平时也注意消减高峰期的用电量以及电力需要的均衡化。

山本想太郎
山本想太郎设计工作室
（东京都）

A1：对建筑本身的基本的观点没有改变。通过建筑，和客户、和社会的交流发生了变化，我想，这也将对于今后的设计内容产生影响。在震灾后赴澳大利亚进行演讲和听取调查时，我感到，对与土地、地点的意识因国家不同而存在很大的差别。比起建筑本身，对于土地的思考在日本今后也将会发生变化的吧。无论如何，我认为，关于建筑和土地的安全性，传达更为现实的信息将成为建筑（设计）传达的重要因素。

A2：计划中的木造寺院，对于屋顶是使用瓦还是金属材料，这样的问题曾经被讨论过。从也许灾害时期将成为避难所等安全性的观点来考虑，最终决定了采用（轻量的金属材料）。客户的安全性和节省能源意识的增强，

给外观的好看度，隐私问题，社会性和持续性等建筑的各种各样的价值观带来了连续性。 我认为，这对于建筑文化来说，是可以期待的倾向吧。

A3：设计完成的建筑中的一部分，将照明灯具换成LED灯具，整体来说，对建筑和设备施行节电对应的要求不高，对空调温度设定和电源开关等的节电有些要求而已。我的办公楼也开始实行早上班早下班的工作时间。以前，完成内外装修设计的千叶县的钢筋水泥建筑（筑40年）外壁等发生了裂缝，乘着损伤没有扩大进行了修补，因为事态紧急，预算上没能做到加强抗震。我想，各地都是现在才开始采取正式的对应措施。

横田和伸
NTT建筑事业总部 都市建筑
设计部兼东北复兴推荐室
担当部长
（东京都）

A1：目前正在接手多幢支持通信基础设施的建筑，不仅能承受得住大规模灾害，还应该满足灾害后能继续使用，我再次切实地感受到机能确保的重要性。我认为，不只是作为硬件的"建筑"，包括软件在内，作为系统全体的危机管理非常重要。

A2：提升对于自然灾害建筑物的安全性、信赖性的同时，根据引进BEMS等措施，消耗能源控制等对于smart化的要求增多了。计划中的项目，实施设计结束后，客户反馈提出，希望针对防灾功能强化进行重新规划，交工日期也将延期。通讯设施因为灾后燃料不足，灾区之外也面临着长期停电对应，燃料调拨的难题，还要求 非常时期使用的发电机和蓄电池长时间可以使用（大容量）。

A3：作为今夏的节点对策，本公司自用的办公楼内 空调温度管理、减少照明灯具、调整出勤时间，从而削减用电高峰时间段的电力消耗，引进电力消耗量随时可计量，可视化系统。本公司设计的建筑，天花板等，非结构材料的抗震标准的明确化，对海啸的设计用外力的思考方法和对应方法的整理，除此之外，通过引入利用信息通信技术的smart BEMS，控制能源、分析能源信息、评价能源，以期进行最适化管理。

米田浩二
鹿岛建设设计总部首席建筑师
（东京都）

A1：媒体上公布的灾后的画面，3月末实际去灾区看到的情景，有说不出来的无力感，脱力感，受着折磨。为此，作为设计者的立场并不会发生变化。大概前辈的建筑师和栋梁之才也是这样经历中走过来的，现在要做的就是一边总结此时此刻能使用的建材、技法、技术，一边研究风土、地况、环境，尽全力的整合出最适合的设计。

A2：计划中的本公司的大厦和研究所的项目，根据客户提出的委托要求，重新考虑了抗震级别的设定，检讨过的自家发电也被取消。根据性能提升，大楼的照明亮度是否有必要一律设定为750LX等等，从工作开始重新讨论式样，任务和周围照明、空调、设计上的日照负荷降低等的提案，逐渐受到客户积极的好评。

A3：9月末竣工的本公司研究所的办公楼，在确保居住性能的同时，对机能、式样、建材等进行了彻底的删减。这项究极的低成本建筑是PAL193、ERR39、CASBEE的BEE值达到8.3的日本最高分数的标志。是严格追求环境负荷极小化计划达成成果，同时也再次认识到一直以来培养起来的适合日本风土的建筑手法的有效性。

六鹿正治
日本设计董事会成员
社长执行董事
（东京都）

A1：即使在城市的中心地带，这片土地的自然条件是让人放心、感到安全的最基本的前提，还存在人的知识理解能力所不及的现象。面对来自大自然的凶猛灾害，建筑是多么的无奈可见一斑。同时，人们可以通过研究用来谨慎地进行建筑规划，这种建造坚固的建筑将会成为给人类带来巨大帮助的伟大的力量。建筑是承载人类梦想的东西，我深深地认识到，复兴建筑给人类带来巨大的勇气和欣慰。

A2：一直以来对建筑的安心安全，都十分注重。以震灾为契机，客户要求更加高度的安全性能的场合，或者从我们建筑设计的角度推荐的情况多起来。具体说，采用抗震结构、控制震动结构的情况增多。还有客户要求自己发电容量的增加，升降机、升降设备、非构造材料的抗震性能的增大，增加避难滞留功能，非常时期用储备能量的增大，重要房间设置于上一楼层等。

A3：在我就职的办公大楼，公共部外租部从照明设备到各种办公器械都实行了节电措施。我们事务所承接设计的建筑在震灾后开始直到初夏，包括电力供给不足对应措施的咨询服务在内，进行了广范围的对应措施。即使在节电限制措施解除后，在保障不会导致充分的日常工作活动产生障碍的前提下，合理的节电今后也将一直下持续下去。

若松信行
（岩手县）

A1：走访了遭受强海啸侵袭的三陆的渔村和村落。在那里，看不到施工单位的建筑，也看不到建筑师介入的苗头。我的心被这片景象牵扯。震灾之后已经过去半年了，我有强烈的欲望去探求真正适合东北地域的建筑。

A2：客户对于太阳光发电兴趣很高，我感觉到超越经济性来进行对应考虑的姿态萌生了。

渡边菊真
D地域空间计划建筑公司
（高知县）

A1：迄今为止承接过的工程项目，几乎都是海外的受灾地或者贫困指定地区。平时构想的建筑也都是在想定日常和灾害等非常事态情况下设计的。这种意义上，没有观念上的变化。但是，难以言表的什么在内心蠢动着。灾后重建时，包含了对灾区人的精神上呵护的建筑流程以及空间的处理方式要确保被充分地加以了考虑。

A2：因为日常工作特性的原因一直都是接触那些受灾的客户。客户的需求本身并没有发生什么变化。现在，在高知县，受托设计的土袋的实验住宅不仅仅要做为灾害时期的临时避难所，成为乐园风景的要求更发重视。

A3：事务所并没有采取特殊的对策。设计的建筑也没有特别的对策。在海外的建筑秋田县的"角馆的街屋"，在抗震性上都没有问题（本次的大地震也没有发生问题）。小规模的自家用发电设备的导入等感觉有考虑的必要。

翻译：张明辉

病房楼采取片状立面造型。全面引进IC对策以满足新时代的需求

足利红十字医院

设计　近藤彰宏+盐田洋+高岛玲子/日建设计
施工　清水·渡边·大协特定建设工程共同企业体
所在地　栃木县足利市
JAPANESE RED CROSS ASHIKAGA HOSPITAL
architects: NIKKEN SEKKEI

眺望北立面。北门的左边为门诊楼，右边为中央诊疗楼，深处为病房楼。建筑均采用分别配置的形式，以能够灵活应对将来的扩建、改建。该建筑位于渡良濑河的沿河床的位置上，预计灾害时作为周边地区的防灾据点。

由中庭眺望医院商场。

医院商场室内。其具有连接各病房的动线的同时，在地下也具有能源中心和与各楼相连的设备主线。这里配备了前台和小卖店等设施，吊顶高10m，全长100m，在2层吹拔的大空间采用了仅对居住区开放的地板放射冷暖空调系统。确保了舒适性，也节省了能源。

设计　日建设计
施工　清水・渡边・大协标定建设工事共同企业体
用地面积　57403.80㎡
建筑占地面积　13838.22㎡
总建筑面积　51804.46㎡（汽车车库等除外）
层数　地下1层　地上9层　塔屋1层
结构　钢筋混凝土结构　一部分为钢结构
　　　隔震结构
工期　2009年6月—2011年4月
摄影　日本《新建筑》写真部（特殊标记除外）
翻译　马振薇

由医院商场越过中庭眺望东病房楼。

有效地运用能源与灾害对策

抗灾能力较强的医院/BCP对策

抗灾能力较强的医院，病房楼、门诊楼、中央诊疗楼都采用了抗震结构，并且具有完全供应电力的应急发电机、使井水饮用水化的高度过滤膜、应急时用的污水储存槽、利用深夜电力储备1天用量的热水以及即使在灾害时也可以提供热乎的食物的电气化厨房。另外，在相邻地区公园设有供2架直升飞机升降的场地，做好了接纳外部患者到来的准备。

能够容纳300人的讲堂可以直接与外部连接，同时，作为灾害时接纳灾民的场所或疾病流行时的隔离空间，这里配备了医疗用瓦斯和医疗用插座，利用空调的全外部循环实现了解决2次感染的对策。

（近藤彰宏+塚见史郎+渡边贤太郎/日建设计）

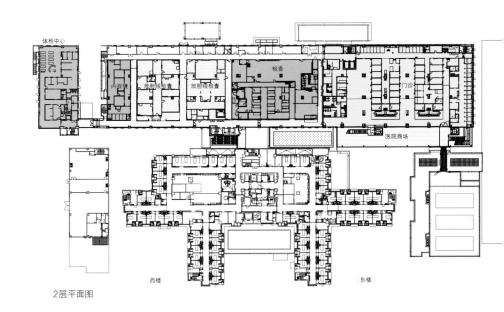

2层平面图

写真：筱泽建筑摄影事务所

由东北方航拍。左边为渡良濑河。

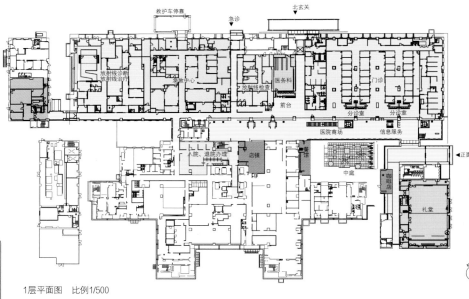

1层平面图　比例1/500

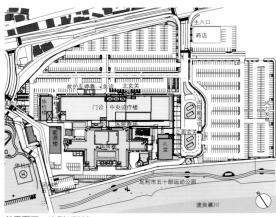

总平面图　比例1/5000

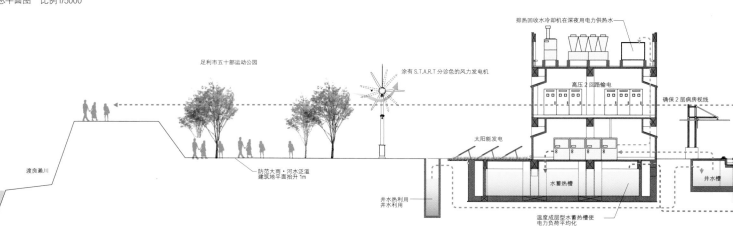

剖面图　比例1/400

118

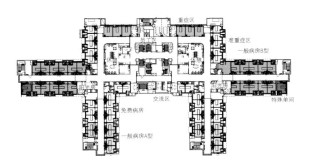

5层平面图

重症区
准重症区
一般病房B型
交流区
特殊单间
免费病房
一般病房A型

灾害，紧急时的对策

地震	采用隔震结构	
火灾	采用全馆真空式洒水设备	
大雨·河水泛滥	建筑地基整体提高1m	
基础设施	电源	利用应急发电机提供全部电力 利用储油罐储备约5日的燃料（节能运转时）
	供水	利用井水饮用过滤设备支援供水设备 利用井水储备3天的日常用水
	排水	能够应用于全排水系统的水泵排水
	热水供给	利用深夜电力储蓄1天量的热水
	空调	利用水蓄热2000m³+井水热能支援空调系统
	饮食	灾害时利用电气化厨房提高美味热乎的饭菜
	储备	在能源中心内确保80m²的灾害用的储备仓库
传染病	讲堂能够作为传染患者隔离空间使用（利用空调的全外部循环） 确保以风力发电为目标的外部伤员分类空间	
生化恐怖袭击	以救护车为单位设置能够去除感染的洒水装置的紧急入口 具有能够从室内下方排气的玻璃的初诊室	

上图：设置在停车场的风力发电机，考虑到灾害时的利用，涂有区分伤员的颜色。
中图：在讲堂的内侧墙壁设有医疗必需的设备，成为灾害时能够直接从外部出入感染患者的隔离空间。
下图：预计将全长超过90m的正面玄关前的大屋檐作为灾害时的收容空间来使用。

次世代型的绿色医院

作为节能减排的象征，正面玄关前的环岛设有太阳能发电，停车场设有风力发电。另外，为了少使用外部能源，空调热能中约75%利用了井水热能。

作为安全、令人安心的医院，利用非接触IC卡系统进行了进出病房的管理，限制了外部人士进出病房楼。

作为人性化的医院，透析室、理疗室、病后疗养楼全部病房均采用了吊顶放射板，提高了患者的舒适性。作为向医院访客提供的情报，节能减排装置以及针对灾害所制定的对策公示在入口大厅处的能源情报板上。

（近藤彰宏+塚见史郎+渡边贤太郎/日建设计）

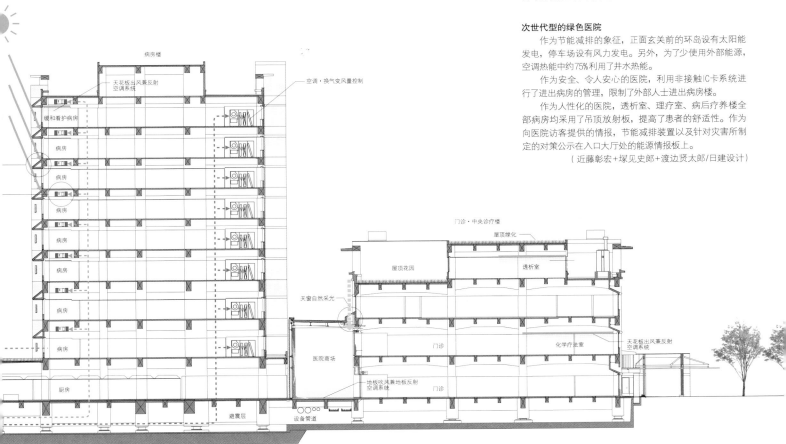

病房楼
天花板出风兼反射空调系统
空调·换气变风量控制
缓和看护病房
病房
病房
病房
病房
病房
病房
病房
厨房
避震层
设备管道
医院商场
天窗自然采光
地板吹风兼地板反射空调系统

门诊·中央诊疗楼
屋顶绿化
屋顶花园
透析室
门诊
化学疗法室
门诊
天花板出风兼反射空调系统

上图：普通病房A型的室内。A型的柱间距为3.6m（免费病房、普通病房B型的柱间距为3.1m）
左中图：最上层，病后疗养病房特殊单间。
左下图：4层恢复期康复楼4床室。
右下图：由普通病房向东眺望。

在富饶的大自然中将安心赋予该地区

足利红十字医院位于栃木县西南部的群马县县境上的足利市，作为以两毛（日本旧时上毛野国和下毛野国的合称）地区80万人为对象的地区主干医院，其肩负着巨大的责任。原有医院虽然与市政府邻接，并且位于距离车站较近的街区中心位置，但是其面临着建筑物的老化和土地的狭窄化的问题。这里配有由两毛地区11个市村唯一的急救中心，在追求对其的扩充以及进一步的设施整备的必要性的过程中，足利市接受了无偿借贷于2003年停用的足利赛马场的提案，从而诞生了此次的转移新建计划。

足利市是渡良濑河的清流与绿色的山峦相调和的、具有历史与传统的街区。由于北关东汽车道的全线开通等因素，其与周边地区的联系变得更加容易。新的基地位于能够成为街区象征的渡良濑河的沿河床的位置上。在应对今后各种各样的社会需求的变化、医疗制度的变化等的同时，作为能够不断成长的设施和抗灾性较强的医院，要求其具有完备的BCP（业务持续性计划）对策。其中，必须着重指出的是把该地区特有的丰富的地下水作为平时的空调热能或用水，灾害时作为饮用水的计划。另外，作为融入富饶的自然环境中的节能减排（绿色）、安全且安心（安全）；对患者和工作人员的进行人性化设计（智能）的次世代型绿色医院，也是国土交通省的《住宅、建筑物减排推荐示范事业》中首个得以通过的医院。

能够应对"成长与变化"的单独构成。

作为能够迎合各自的功能和将来的需求变化的结构，以医院商场为中心，分别单独配置了病房楼、门诊楼、中央诊疗楼、能源楼、体检楼、讲义楼。9层的病房楼从2层起为病房，其配设在能够眺望渡良濑河的南面。对于手术部门和急救楼、康复中心和恢复期康复楼等，水平连接了楼与楼之间相关的功能，设计出患者和工作人员能够顺畅移动的方案，通过只在必要的位置设置连接桥，使视线、光、风变得更加通透。

若从外部进入建筑内部，必须通过医院商场。通过其所面对的中庭，扩展了延伸至其深处的视线，由于能够清晰地看到电梯、楼梯，作为该设计的目的，其意图是使前台等的位置清楚明了。进而不仅仅是提供人们通行的动线功能，通过在此设置餐厅、咖啡厅、便利店、取药窗口、休闲空间，形成了供人们停留和喧闹的场所。商场底部为能源中心和与各楼相连接的设备主线。

（近藤彰宏+高岛玲子/日建设计）

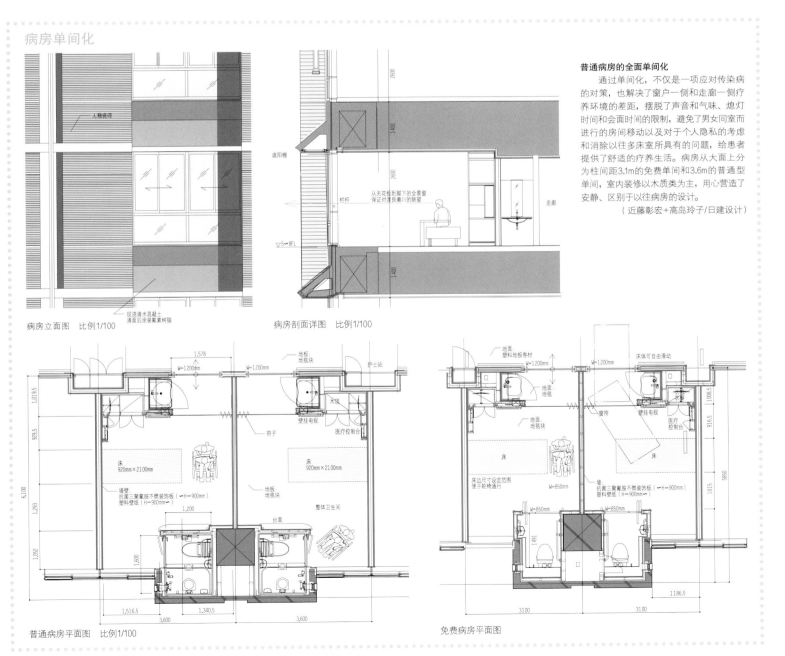

病房单间化

病房立面图　比例1/100

病房剖面详图　比例1/100

普通病房的全面单间化

通过单间化，不仅是一项应对传染病的对策，也解决了窗户一侧和走廊一侧疗养环境的差距，摆脱了声音和气味、熄灯时间和会面时间的限制，避免了男女同室而进行的房间移动以及对于个人隐私的考虑和消除以往多床室所具有的问题，给患者提供了舒适的疗养生活。病房从大面上分为柱间距3.1m的免费单间和3.6m的普通型单间，室内装修以木质类为主，用心营造了安静、区别于以往病房的设计。

（近藤彰宏+高岛玲子/日建设计）

普通病房平面图　比例1/100

免费病房平面图

特别养老住宅

爱知太阳森林 森林住宅

设计 中村勉综合规划事务所
施工 松木工房
所在地 爱知县爱知郡长久手町
TAIYOU NO MORI MORI NO HOUSE
ARCHITECTS : BEN NAKAMURA ASSOCIATES

由南侧前庭道路眺望。本工程为单苑看护式特别养老住宅的扩建。建筑为3层钢结构。为了使利用对面原有地区交流空间的孩子们和地区的人们来这里游玩，在前面的道路中央设置了喷水池、凉棚、长凳，还一并设置了东屋"歇脚小屋"。该整体作为"gojikara村"，进行了幼儿园、看护住宅、福祉看护专门学校等多世代居民混住的村庄建设。

122

由入口处眺望。

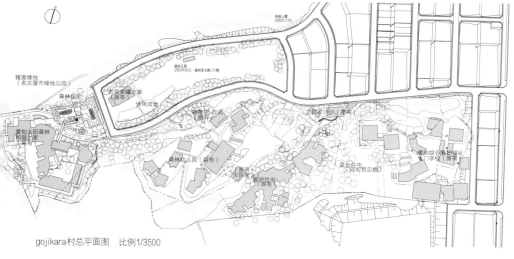

gojikara村总平面图　比例1/3500

衍生出"杂"的思想的多世代自然共生村庄

20年以前，从我开始进行浪合村建设（"浪合论坛"，日本《新建筑》971期）时起，与前理事长吉田一平先生就关于福祉设施的多世代化、杂木林的想法以及街区建设进行了议论。10年前，在详细地目睹了自然的山谷被地区整理事业填埋、杂木林逐渐消失的状况的同时，通过小学校的竞赛、萤火虫路的建设等，我们一起考虑了组合与自然共生型的存在方式。本次的设计是关于杂木林深处的特别养老住宅的再生，杂木林内的所有事物都具有自己的存在场所，我尝试以"各司其职"这一杂木林的思想来面对近代建筑。

gojikara村中修建了幼儿园、高龄者设施、福祉学校等，进行了孩子和老人能够共存的村庄建设。此外，改建了其中的酒井宣良先生设计的爱知太阳森林养老住宅（80个特护床位和短期居住25个床位），增建了40个床位的单元看护，建立了整体的单元看护化计划。单元看护这一想法源自瑞典的团体住宅和单元，1990年代迅速移入日本，是对于2002年突然去世的外山义的个人尊严非常重视的一次大的改革。虽然这一方式植根于日本，但是随着面积的增加，也被指出存在把无法承担设施费用增长的高龄者拒之门外的事情。最近，正在进行单位面积的缩小。同样，在这里也存在着探寻避免高龄者的人数给事业费用带来压力的运营方法、原有建筑与扩建的两栋建筑之间不会形成孤立化的空间手法以及从杂木林的思想衍生出的对于木质化的执着等大的课题。

高龄者设施并不只是设施，有必要把它看成是自己的家。为了与原有建筑共存，我们将面积控制在了最小限度，吊顶也和自家一样比较低。这样，缩小面积和体积，把和原有建筑之间的路作为杂木林中的道路以及人们聚集的场所。在普通的团体住宅和单元看护中，共同生活室多被单间所包围，但是在本设计中，单元的共同生活室面向室外的广场空间，门廊和入口空间等被一体化，从而衍生出交流的空间。

无论从哪个房间都能够看到四季更替所带来的绿色的变化，在享受宁静的同时也能够感受到人的气息以及远处街道的气氛，随处可见空间向外部的延伸，从而从封闭性中拯救了整个空间。因为摆放约8张榻榻米的房间内能够供整个家族居住，虽然是只有高龄者和保姆居住的气氛严肃的设施，但是我们尝试创造一个容纳各类人以及多世代的平和社区。屋顶上利用桥与原有建筑相连接，在提供轮椅散步的同时，也可以享受与幼儿园员工们一起进行蔬菜种植，进而成为两栋建筑间的交流场所。

在温热环境中，地下竖井作为热交换的空间，挖掘了10根100m的地热钻孔，以水冷式热泵进行加热，在双层地面中导入调温后的空气，从墙裙处的缝隙吹出，在利用蓄热效果的同时，创造出空气整体都能够缓慢流动的健康的环境的效果。

（中村勉＋加藤惠）

设计 建筑 中村勉综合计划事务所
　　　结构 ZIN 设计室
　　　设备 机械 近藤设计室
　　　电气 电气咨询·大西
施工 建筑 桧木工店
　　　外部结构 滨田技术士事务所
用地面积　7790.79m²
建筑占地面积　708.01m²
总建筑面积　1442.28m²
层数　地上 3 层
结构　钢结构
工期　2009 年 12 月——2010 年 11 月
摄影　日本《新建筑》写真部
翻译　马振薇

由车侧仰眺望之

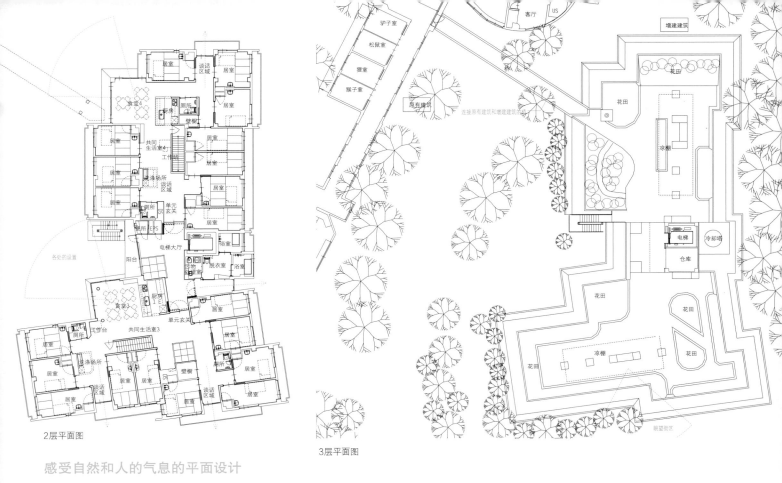

2层平面图

3层平面图

感受自然和人的气息的平面设计

1层浴室。

从原有建筑的屋顶眺望。

1层平面图　比例1/400

从2层共同生活室3向食堂方向眺望。

从1层食堂2越过前庭道路眺望和谐交流（原有建筑）。

上图：1层单间。
下图：1层共同生活室2。

以零碳的建筑设计手法进行的 8 种尝试

设计者想象了在春季和秋季以家庭的方式生活的情景，用心设计了小规模的空间。该空间并不是大规模的均匀的光滑明亮的设施空间，而是向杂木林一样，粗糙嘎吱作响的小单位的集合，正因为如此，才创造出一种宁静缓和的居住场所。在春天或秋天，打开窗户，耳畔响起鸟儿的鸣叫，生活在可以感受到的风和自然的阳光中，这是对一般的老年人的居住场所的形容。在老年人的宁静的居住场所中，最好不要有人工的声音。单纯的木质外墙就像是杂木林中的一片小树叶。

木质化的室内设计有四季环境，也有季节间的间隙环境。该室内设计因重视春季和秋季之间的环境而取消了空调。而在夏季和冬季，考虑有这样的装置，使来自地板下和墙裙处的新鲜空气在不知不觉中调整整个空气环境。

水冷式热泵的采用能够降低室外机的噪音，木质外墙也成为针对杂木林的热岛现象的对策。看到木质空间中的入住者的宁静的生活姿态，来访的家人的心情也随之变得安静，进而工作人员也能够以平和的心态来面对入住者。根据这些情况，采纳了这 8 种环境建筑手法。

利用地热的空调系统

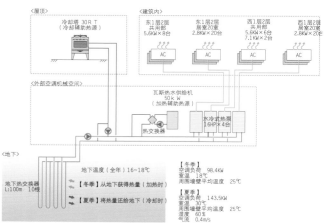

活用地热的空调系统图

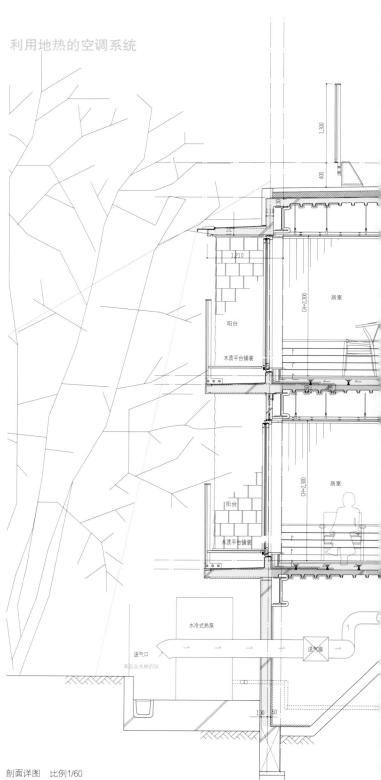

剖面详图　比例1/60

1. 利用外墙的木质化、屋顶绿化、水冷式热泵而采用的热岛现象对策。
2. 南侧作为保存原有树木交流用的森林，进行了阳台、屋檐、翼墙等遮蔽日光的设计。
3. 完善的外墙和屋顶隔热。
4. 双层玻璃和木质窗扇的导入确保了开口部的隔热、气密性能。
5. 在地下竖井中导入排气，成为与新鲜空气进行热交换的冷却（加热）竖井。
6. 在双层地板内导入蓄热后的空气以及从墙裙处的接缝将其吹出的空调手法确保了居住区域内的舒适性。
7. 内部装修采用木材避免了化学污染的同时也在精神上起到安定作用。10 根 8.1m 长的地热钻孔可产生平均10kw/ 根的自然能源。　　　（中村勉＋加藤惠）

左图：2层食堂3.
中图：空调的出气口设在了墙裙处，确保了居住区域的舒适性。
右图：以木百叶的形式收纳换气口。

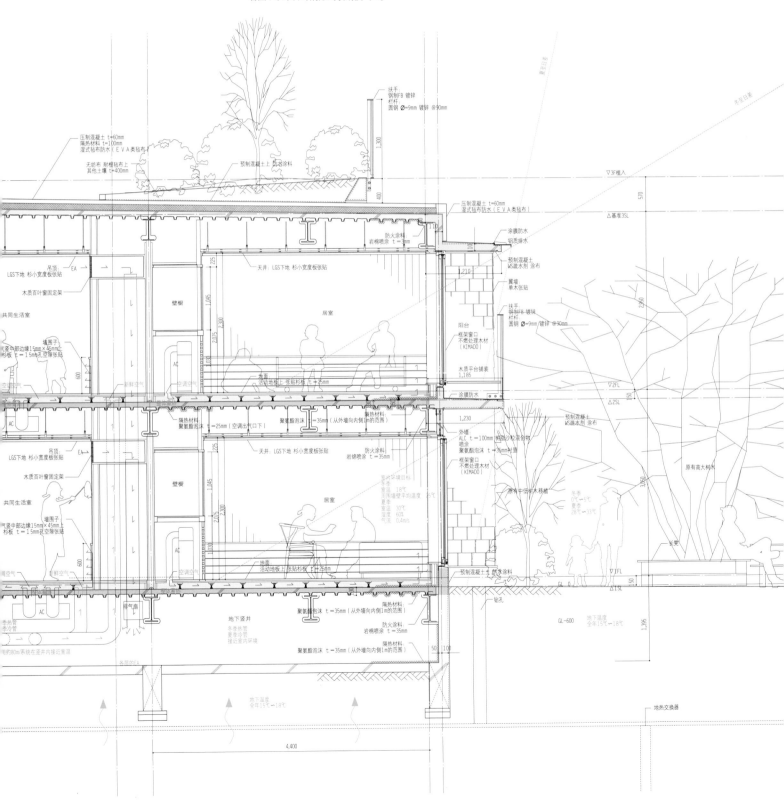

小尺度生活空间单元

舫之家瑞穗

设计 大建met
施工 土屋R&C
所在地 岐阜县瑞穗市
MOYAI NO IE MIZUHO
architects: MET ARCHITECTS

岐阜县瑞穗市建设的高龄者福利设施。

高龄者与看护者的建筑

我在至今为止的几个高龄者福祉设施项目中不断探讨"居住品质"，设计了以高龄者生活为主题的多样空间。本方案则着重探讨人力、财力紧缺的情况下，保证住环境品质不变的同时，给看护人员的负担也不大的建筑的可能性。

2层的房间组力求提高看护者的流线效率，并使建筑面积最小化，故设计成前所未有的两个单元的形式。如此，夜间值班的人员配置1人就可以了，工作人员可在两个单元中自由行走。平面是最普通的正方形，外围是私人房间、中央是起居室，看护者在随时监控各起居室的同时，也保证了私人房间的私密性。起居室通过下垂的墙壁分隔出住宅尺度大小的空间，形成集中的围合场所，创造了连续的新式居住环境。

另一方面，1层的休息室为引入地方活力，利用上下两层面积差产生对外开放的深邃的廊下空间。内部为了适应多种活动的可能性并没有对房间进行分隔，形成了全体相连的空间。支撑2层的短柱避开门洞和家具布置，天井的木梁也随之调整，放入家具后，构成舒缓的活动场所。

舫之家瑞穗拥有完全不同的上下两层空间，按雇主所说"存在区别则最好"，所以看护者及使用人员均可在拥有私人空间的同时共享公共空间，形成新型的看护模式。　　（平野胜雅／大建met）

2层平面图

1层平面图　比例1/300

132

南侧外观

2层房间5～7。

1层休息室。

2层房间8。

上图：2层私人房间。
下图：2层盥洗室。

总平面图　比例1/3000

房间的构成元素

　　2层垂壁下端距地面1800mm，这是充分考虑到高龄者大多数时间是在坐姿状态下得出的结论。并且我们将钢梁、电气管线等埋于垂壁上方，同时确保看护者的视线，限制家具及腰壁的高度。我们还在屋内需要的地方设置通风采光排烟系统，位置及开口方向与随机布置的房间相对应。在承载结构的大梁上设置了许多小梁，并在其上方设置了天花板，起到控制天花板过低的效果。减小柱子长度增加其强度和刚性，以达到使用小径材料的设计方案。　　（平野胜雅／大建met）

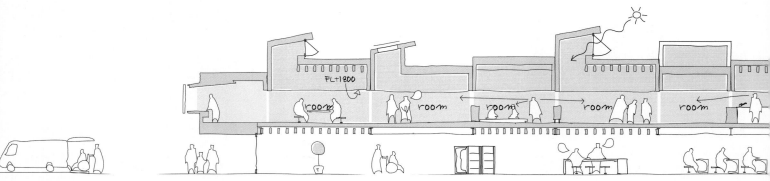

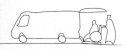

剖面草图　比例1/200

左图：仰望塔屋。中图：自2层厨房看房间6。右图：1层主要出入口玄关。

南侧全景。

1层H钢与木质小梁间的连接。

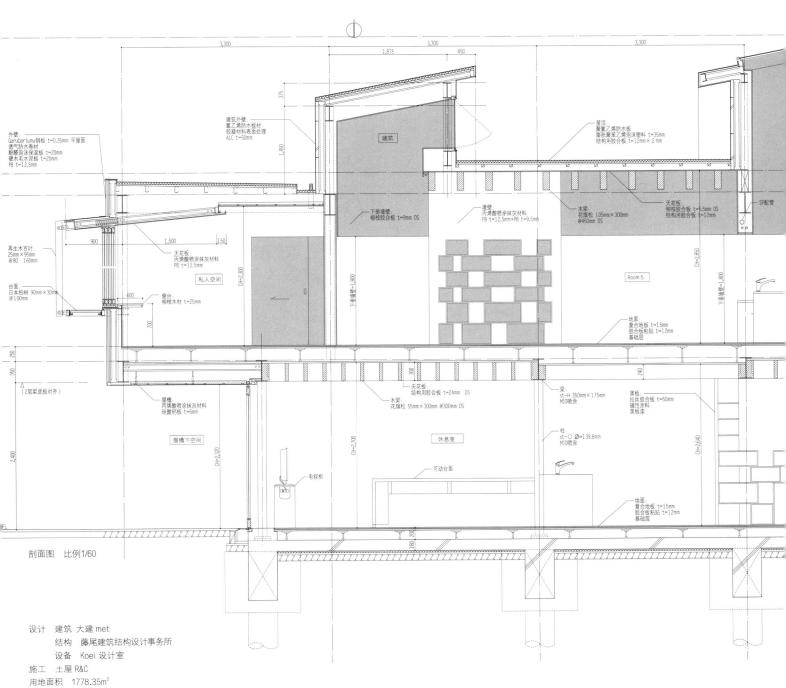

外壁：
Garubariumu钢板 t=0.35mm 平屋面
透气防水卷材
酚醛泡沫保温板 t=20mm
硬木毛水泥板 t=20mm
PB t=12.5mm

建筑外壁：
氯乙烯防水板材
胶凝材料表面处理
ALC t=50mm

建筑

屋顶
聚乙烯防水板
膨胀聚苯乙烯泡沫塑料 t=35mm
结构用胶合板 t=12mm×2 mm

下垂墙壁：
柳桉胶合板 t=9mm OS

墙壁：
丙烯酸喷涂抹灰材料
PB t=12.5mm+PB t=9.5mm

木梁
花旗松 105mm×300mm
@450mm OS

天花板：
柳桉胶合板 t=5.5mm OS
结构用胶合板 t=12mm

SP配管

再生木百叶：
25mm×95mm
@80 160mm

天花板：
丙烯酸涂抹灰材料
PB t=12.5mm

私人空间

台面：
日本柏树 90mm×30mm
@100mm

窗台：
柳桉木材 t=25mm

Room 5

地面：
复合地板 t=15mm
胶合板粘贴 t=12mm
基础层

屋檐：
丙烯酸喷涂抹灰材料
硅酸钙板 t=6mm

天花板：
结构用胶合板 t=24mm OS

木梁：
花旗松 55mm×300mm @300mm OS

梁：
st-H 350mm×175mm
MIO喷涂

黑板：
拉丝胶合板 t=50mm
磁性涂料
黑板漆

屋檐下空间

电视柜

休息室

可动台面

柱：
st-O Ø=139.8mm
MIO喷涂

地面：
复合地板 t=15mm
胶合板粘贴 t=12mm
基础层

剖面图 比例1/60

设计 建筑 大建 met
　　　结构 藤尾建筑结构设计事务所
　　　设备 Koei 设计室
施工 土屋 R&C
用地面积 1778.35m²
建筑占地面积 574.85m²
总建筑面积 922.74m²
层数 地上 2 层
结构 钢结构
工期 2010 年 7 月——2011 年 3 月
摄影 日本《新建筑》写真部
翻译 温琳琳

连续性与休息室

为了增加1层内外的连续性，将外部的支撑改为直径较小的短柱排列布置。列柱因跨度小而增加了数量以确保强度和刚性，并通过调整使之与水平力相适应。屋檐的处理手法则是通过使钢结构及木梁下端对齐提升内外连续性。H钢法兰间设有木质的支撑材，减小了钢质大梁和木质小梁间因施工精度而产生的差异。天花板在允许的范围内尽可能压低，从而减小了空间的体积。

（平野胜雅 / 大建met＋藤尾笃 / 藤尾建筑结构设计事务所）

保持与人多种距离的空间设置

袋田医院 新病房楼

设计 梶原良成+GEOBIODESIGN
施工 向田建设
所在地 茨城县久慈郡
FUKURODA HOSPITAL NEW WARD
architects YOSHINARI KAJIHARA+GEOBIODESIGN

家一般的空间品质

精神科医院的扩建计划。规划病床数为120个，除了改造原有的拥有60个床位病房楼，又新建了有60个床位、门诊、医务室和管理部门的新病房楼。

扩建医院设施的目的清晰，就是诊察和治疗，相应地需配备诊疗空间和后续的住院空间。精神科医院也基本如此，不过入院期间精神病患者的长期状态与环境要素有着深入的关系，使得作为治疗的一部分，病房环境应成为日常生活的场所。

因此病房的设计就有必要具备空间多样性，以使其不同氛围、情况下都像在自家的感觉。同时，因为和很多"他人"一起生活，保持适当距离感的空间也是必要的。

在慢性期、急性期和舒压三个病房区域及诊察、管理区之间，通过空间的放大、围和、连接、聚光而带来了丰富变化，将每个病房连接并提供各种"生活的"品质。

门诊部的入口笔直通向挂号窗口，在挂号窗口附近有环境优雅的等候空间，旁边是带有室外露台的休闲书店兼咖啡吧。风格迥异的4个门诊室使患者轻松快乐地接受治疗。

此外，与人体直接接触的尺度是日常生活的重要元素，从木制家具、病房内外的柜子、日光房、咖啡桌、椅子到门诊室的桌子都是原创设计专门制作的。

(梶原良成)

慢性期病房的阳光房。天窗顶部高度8500mm。

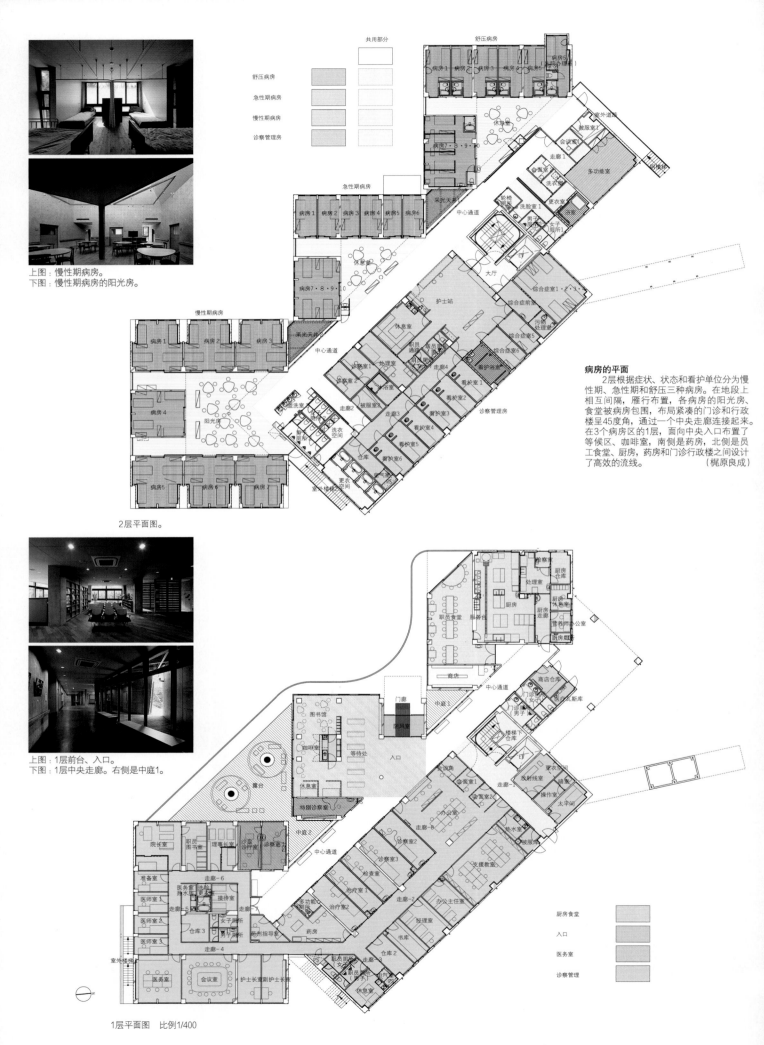

上图：慢性期病房。
下图：慢性期病房的阳光房。

2层平面图。

上图：1层前台、入口。
下图：1层中央走廊。右侧是中庭1。

1层平面图　比例1/400

病房的平面

2层根据症状、状态和看护单位分为慢性期、急性期和舒压三种病房。在地段上相互间隔，雁行布置，各病房的阳光房、食堂被病房包围，布局紧凑的门诊和行政楼呈45度角，通过一个中央走廊连接起来。在3个病房区的1层，面向中央入口布置了等候区、咖啡室，南侧是药房，北侧是员工食堂、厨房，药房和门诊行政楼之间设计了高效的流线。 （梶原良成）

从2层急性期病房前的中央走廊上看。中央走廊宽3000mm，天花板高2700mm。

看1层的图书馆。咖啡店和室外平台之间的窗子推拉可分隔开。中央通道开口宽4000mm。

从西北侧看。

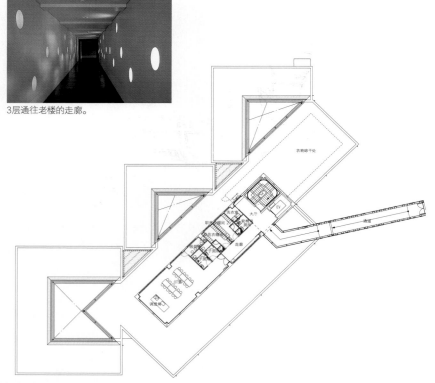

3层通往老楼的走廊。

3层平面 比例1/600

看1层门诊室。

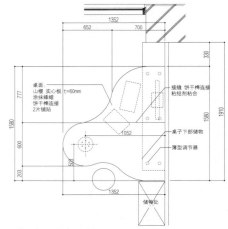

桌面
山樱 实心板 t=60mm
涂抹缝填
饼干榫连接
2片铺贴

接缝 饼干榫连接
粘结剂粘合

桌子下部储物

薄型调节器

储物处

门诊室桌子详图 比例1/50

2层病房。

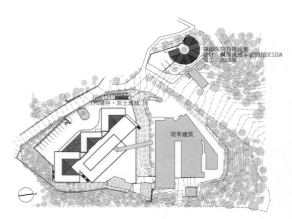

袋田医院日托设施
设计：栂原良成+GEOBIODESIGN
竣工 2003年

EPG储存・灰土堆放

现有建筑

总平面图 比例1/2500

144

病房和阳光房的关系

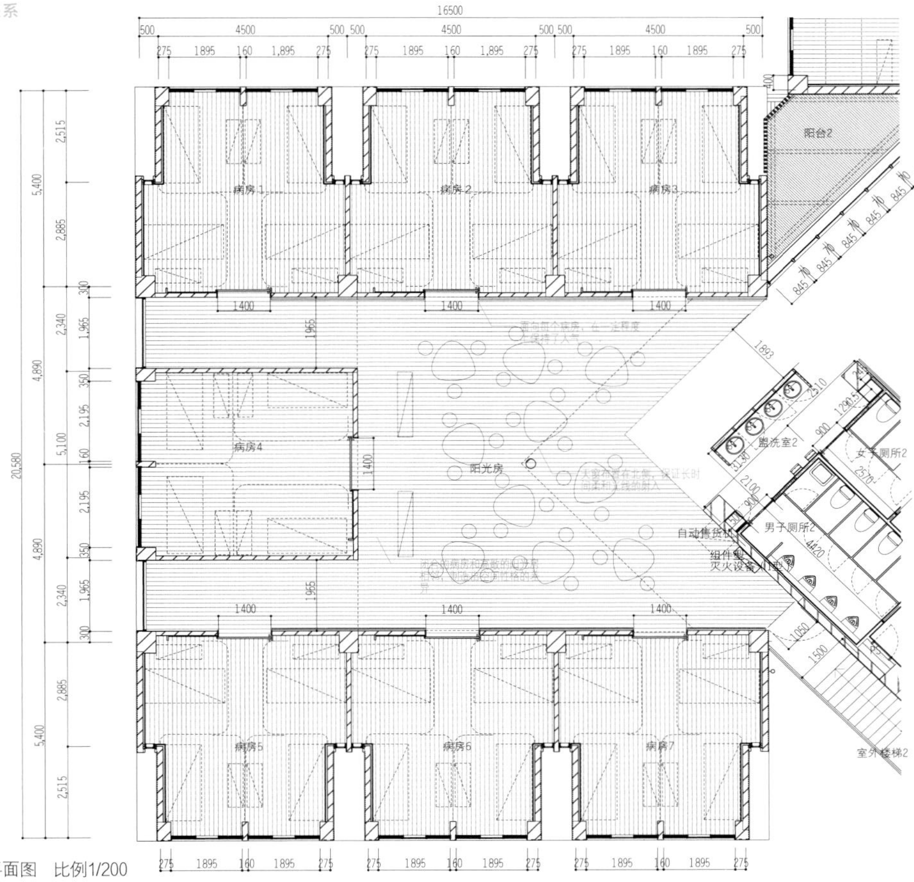

慢性期病房详细平面图　比例1/200

病房和阳光房

病房以看护单位成组排成U字形，围合出的阳光房是白天的活动场所。

在这里，阳光从1/4的四角锥天窗上泻下，让人体会季节和昼夜的光线变化。

（梶原良成）

建筑重量的减轻

建筑为钢筋混凝土结构加桁架，一部分天窗结构和3层连接走廊是钢结构。慢性期病房的深处设窗，建筑外围西南面不设柱，使建筑全体重量基本加在中心柱上。此外，内部隔墙在保持充分耐久性的基础上尽量使用轻钢龙骨，大大减轻了整体重量，基础设施尽可能地节省了造价。　（梶原良成）

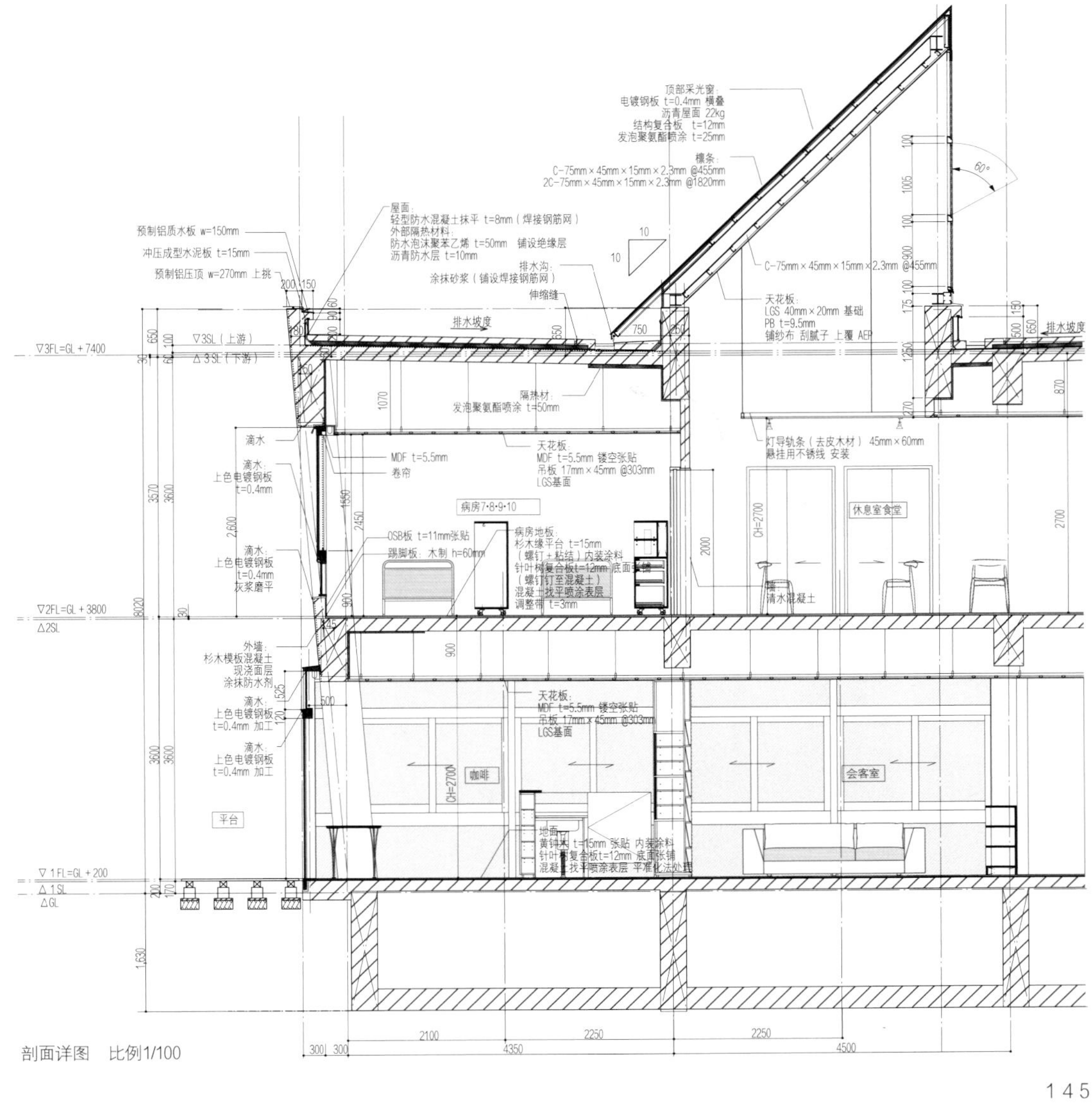

剖面详图　比例1/100

设计　建筑　梶原良成＋GEOBIODESIGN
结构　大贺建筑结构设计事务所
设备　科学应用冷暖研究所
施工　户田建设
用地面积　8071.08m²
建筑占地面积　1503.09m²
总建筑面积　2970.86m²
层数　地下1层　地上3层
结构　钢筋混凝土结构　部分钢结构
工期　2010年2月—12月
摄影　日本《新建筑》写真部
翻译　张光玮

复合式医院及图书馆建筑

高崎市综合保健中心·高崎市立中央图书馆

设计　佐藤综合计划 + 大成建设
施工　大成建设
所在地　群马县高崎市
TAKASAKI CITY INTEGRATED HEALTH CENTER, CENTRAL LIBRARY
architects: AXS SATOW + TAISEI DESIGN PLANNERS ARCHITECTS & ENGINEERS

东侧外观。

东南侧外观

5层图书阅览室。

自阅览室向下看。

左上图：自4层保健所与健康课之间的休息室看调理实习室。 ／ 左下图：自2层健康检查中心的候诊室看休息室。
右图：1层健康检查中心的候诊室（交流广场）

导入城市历史的计划

  用地位于高崎城址本丸堀与二丸堀之间的地带，该地域有残留下的外护城河河堤，春天樱花盛开，公园零零散散，充实了整个环境。建筑前广场上的随机条纹增强了地域的整体感，人们强烈感受到舒缓的北风和四季的色彩。这种构成将人引入自然，实现了开放式景观。还通过挖掘调查确定了连接本丸堀与二丸堀地下水路的位置，将这个不为人知的历史遗迹在用地中复原。

  （芜木伸一/大成建设）

设计　佐藤综合计划＋大成建设
施工　大成建设
用地面积　12469.98m²
首层占地面积　6631.65m²
总建筑面积　32392.10m²
层数　地下1层　地上6层　塔屋1层
结构　钢结构　部分钢筋混凝土结构
工期　2009年7月—2011年1月
摄影　日本《新建筑》写真部
翻译　温琳琳

东侧草坪广场

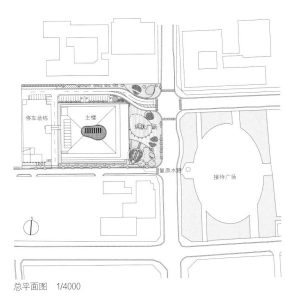

总平面图　1/4000

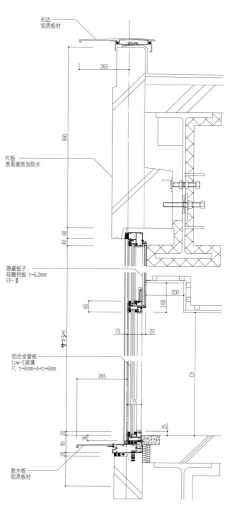

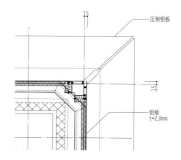

外墙详图 比例1/20

强调素材和阴影的外墙细部

　　外壁中层拥有一圈收紧的腰带铝板，PC板，玻璃等素材构成建筑的亮点。与PC板相接的泛水和女儿墙的压边构件用最大尺寸的铝制型材做成，产生深邃阴影的同时，也可起到保持壁面的整洁的作用。　　（松村正人/大成建设）

上图：5层露台。
下图：阅览室南侧。

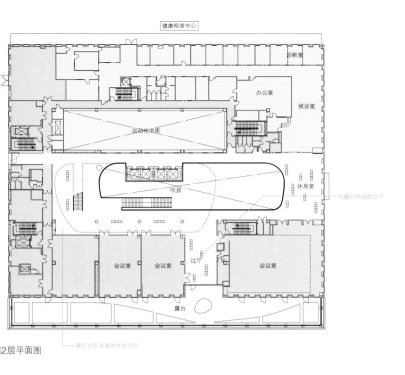

2层平面图

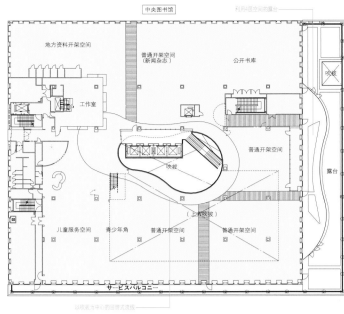

5层平面图

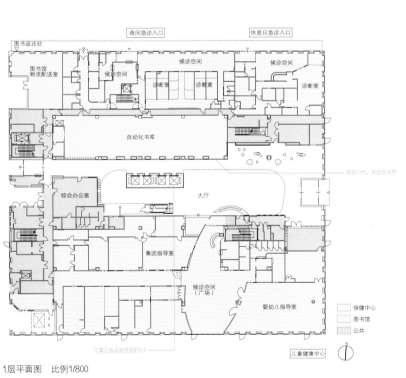

1层平面图　比例1/800

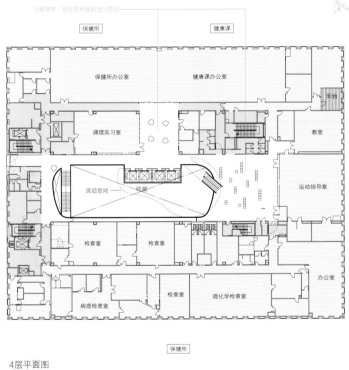

4层平面图

保健中心
图书馆
公共

儿童健康中心

演奏"相移"的建筑

保护人们生命安全的保健中心与聚集知识的图书馆首次作为一栋建筑来设计，也是首次将"人与健康与书"相结合。

用地临近高崎市车站，面向弯曲延伸的交响乐通路，周边拥有充满植物与水的高崎城城址遗迹。从功能分布来看，拥有夜间急诊流线需求的医疗保健中心位于底层，需要可供人们安静阅览空间的图书馆位于上层。并且，将二者的预约场所设计在同一层中，最大限度地将使用功能叠加。

隔震基础与外部抗震的中空结构靠一个双层地基实现。上部产生的日本传统檐下空间则作为市民的活动场所使用，同时，表皮的变化给建筑带来一种节奏感。中央设计成各层变换重叠的形式，创造出多样的视线和流线交错的空间。

并且，吹拔拥有将光线和风转化成其他能量的装置，通过将其视觉化，整个建筑成为了向环境学习的教材。位于拥有音乐都市高崎美誉的这栋建筑给城市带来一种新的活力。

（鸣海雅人 高野洋平/佐藤综合计划）

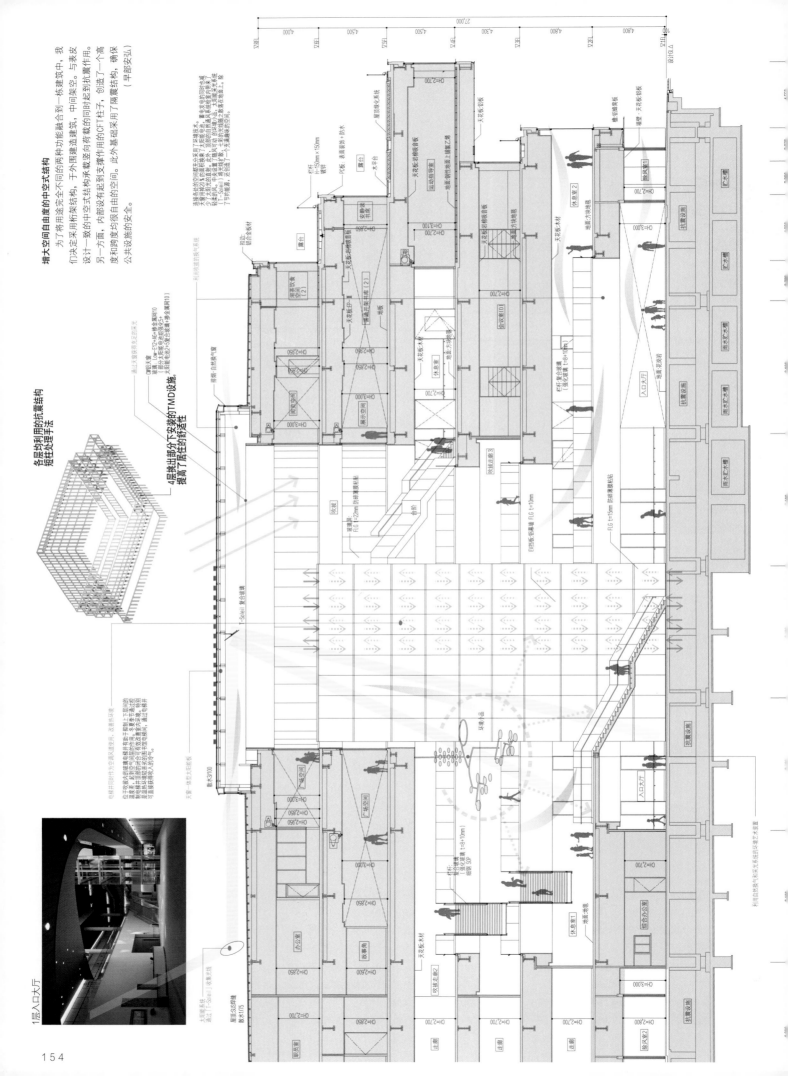

内藤广

隐约地飘荡着的时代感如何才能在建筑物中得以体现呢？

看到刊载有伊东丰雄先生和妹岛和世女士的建筑的杂志页面，我不自觉地想到了这个问题。

最近在"归心会"的聚会上，我与伊东丰雄和妹岛和世两位建筑家以及山本理显先生见面的机会骤然增多。

不言而喻，他们都是对建筑，以及世间发生的事件，怀有令人敬佩的纯粹的精神的建筑家。并且，特别是在专业表达上，超乎想象地率真和正直。这是作为建筑师应该持有的极为重要的一种精神境界吧。

学生以及年青一代的建筑师应该向他们学习的不在于他们的一个个作品，更重要的是学习他们的这种理念和态度吧。在这种意义上，经过每一次的聚会，我都受益匪浅。

1984年建成的"银色的心"当之无愧地成为那个时代的标志之一。在那个大城市里，泡沫经济、信息化、狂乱和幻想错综交织，很多人都该会发出这样的感慨：居然会有这样一种令人冷静神经的方法啊！作为在信息化社会的城市里的民居诞生的"银色的心"，历经岁月的雕琢，面对美丽的濑户内海屹立的身影让人感觉与众不同。不由得想对她说："退休了哈，度过一个安详的晚年哟！"与"银色的心"风格迥然的是在她旁边建起的"钢铁之心"。呈现着一副"现在是我的时代"

的姿态，作为一种物体的存在感很强烈。"银色的心"有一种融入到那个年代的氛围中去了的气质，而"钢铁之心"则同周遭一切不相融合。也许是逐渐融合的时代本身已经消失了吧。特别是在"3.11大地震"之后，也许是受此影响吧，彼此在物质上虽然都是一种几何学的延长，但是前者因在物质量上的稀薄而给人以抽象感，后者使人感到作为一种物质的自主性很高。前者是受支配的，后者则可以说是一种包含了自

主的结构，或者说能借以依赖的物体都不存在了。在看其气势，建筑不得不呈现为象纪念碑一样的气势。如果将此建筑的性格看做是伊东先生自己的美术馆的话，这是正确的解释吧。

每次看到妹岛女士的建筑，都会感到无论是什么建筑，都让人感觉到她绝不会普普通通地完成建筑的一种理念。她一定会把某种不寻常的理念融进到设计中去。这本身是作家具有的随意性才会有的技巧。通常情况下，作家会回避透过作品感受到作家本身的性情。但是她的作品却一点也感觉不到这点。她绝不会普普通通地完成建筑，这种理念如同自动化装置构成的思考回路一样，给考虑成熟的个别的创意以某种凉意和透明感，一种逾越趣味性和奇妙性的凉意和透明感。她的创意被广泛接受的原因所在，也许就是因为她的创意中具备了这种凉意和透明感吧。

作为一种生产出创意的装置的自我和从外侧看到的自我，对这两种自我的位置关系拥有绝妙的距离感。如果这样的话，这才是真正的才能吧。包括学生的课题，模仿妹岛流派的仿制品数不胜数，但是几乎所有的仿制品都似是而非，这种差异就在于此吧。精神境界有着天壤之别。脑海中浮现出安东尼·高第的那句箴言——"创意回归于起源"。

但是，评价她这次设计的芝浦的办公大楼和石神井公寓，我却觉得她所特有的那种非物质感有些不足。我想，物质的空无，也就是透过作为一种物质的建筑的危险性的背后看到的建筑的永续性，是她的作品的极大的推进力。但是，一旦

作为物质的存在感的遮掩方法处理不好的话，追求的抽象性反而会为物质所超越。之所以会这样，也许是因为这个国家的安逸现状使然吧。或许，自动化装置产生了迷惑感吧。这

和伊东先生针对社会上因"银色的心"这一建筑的空无，而向物质紧紧靠拢的建筑有意识地采用相反方法形成了鲜明的对比。

"HAKUSHIMA OFFICE 船仓注册税务师事务所与速度之家"

我认为三分一先生是肩负新一代事业重任的建筑家，但是他这次设计的作品，感觉一点没有他特有的机敏。突然地来一个环保，使人觉得很

唐突。寻求空气流向和环保的外在根据，会怎样哪？这倒也不是不可以理解，但是不像三分一先生的风格。因外在因素而改变自己的理念，这里是否有些不妥啊。受外界影响和支配也许是时代的趋势，但是过于依存于此的话就等于放弃在决定形状时不可或缺的孤立感和孤独感。在这些方面让人难以释怀。有必要这样吗？这样的强迫感，即便如此，尚且能创造出让人接受的崭新空间。这种姿态和果断也是一种独特的魅力吧。

"索尼城大崎"，办公楼建筑的王道。最能体现日建特色的建筑物。让人联想到林昌二先生的名作"Palace side 大楼"的建设。"索尼城大崎"承袭着"Palace side 大楼"的建筑DNA。

大楼正面的降温系统极具特色。

白河市立图书馆，尊敬的高桥青光先生的建筑作品。难以理解。大屋顶的印象很强烈，应该不是那么单纯的建筑吧。属于那种不实地看一看便不会理解的建筑。

因为每个月一直都是写关于三陆的评论，这个月认真地写了关于作品的评论。以前也想

到的，灾后复兴呈现出一种需长期奋斗的态势。把隐约地飘荡着的时代气息放在心中，同时铭记不应忘却的理念。

每月评论

重松象平

前些日子去了一趟位于 Ground Zero（9.11事件发生地）的美国9.11同时多发恐怖事件的纪念公园。自事件发生已经过去了10年，历经利权问题、频繁的设计变更、雷曼危机导致的停滞期等周折，总算迎来了牺牲者追悼公园的竣工。纪念公园相当于原世贸大厦（WTC）专用地的大约一半的驻地面积，其3.2万平方米的风景，作为人口密度高的繁华街，比曼哈顿闹市内的其他任何地方都彰显出一种宽阔的优势。公园里的纪念碑，原WTC2栋的大约60米四方的"足印"采用了如瀑布飞落一般的"倒影池"的设计，在它的外包围板上刻着所有牺牲者的名字。

看着如此直接表现"消失的东西"的广大的幻想空间，和包围着它的在建中的1号塔和4号塔，到现在还没有开始建设的2号和3号塔的地基部分，很久以来坚实地拔地而起的，被增幅放大的"曼哈顿主义"信仰的历史上感觉好像突然窥视到了一些困惑，已经不可控的高度的资本主义所带来的均质空间到底会持续到什么时候啊？10年前，在和 Ground Zero 的 tabula rasa 面面相对的时候也曾持有过类似的复杂的感觉，这是一种对现实城市的怀疑心、对新变化的期待感和使命感混合在一起的一种难以名状的感觉。这种感觉和看到东北的受灾地时心中升起的的感觉重复。世界危机后所特有的一种纠葛吧！

我想，这种复杂感情的一端也许是变成对保持环境良性循环架构信仰的一种表现吧。在这10年，LEED（绿色建筑物标准）在全世界迅速普及。现在，在美国公共建筑以及达到一定规模的建筑LEED几乎被强制要求。环保意识本身的高涨当然是值得赞成的，但是，LEED迅速变得形同虚设，这也不得不说的是一种事实。标准确立，作为一种标准来被要求当然也就是获得 LEED 资格的技巧被确立，同时也就是不再富有创造性地去解决环境问题了。多么具有讽刺性啊，如同评价信用卡和里程数一样，评鉴等级分出白金、金质、银质等级，开发商利用这些评鉴等级来搞营销。在多样的气候环境下，却只有一种评鉴标准，这一问题招来人们的指摘。在今后 LEED 越来越成为一种世界标准过程中，不是简单地作为建筑物正当化

的证明，标准本身，标准的利用者的意识也需要进步。

以改善城市热岛效应和日渐硕大的办公楼等城市特有问题为明确目标而设计的索尼城大崎呈现出一派城市的设备装置的景观。把因解决了多种多样的环境参数而具有的无机质性表现得非常明快。命名为"人工皮肤"，也许是感觉到需要给它外表的无机质性加以补充吧。像是制造者的新

商品，虽然有一点不太相称，但是因为建筑物本身具有成为城市良好风潮典型的可能性，把它商品化也很好吧。传统的办公楼不太常见的露天阳台好像也给人惬意的感觉。却让人觉得有点没有充分说明。的确，分析了多种多样的现象，环境评价系统检查一览的各个项目也非常清晰，评鉴分数高也让人明明白白的。但是这种彻底的客观性却给人以自我辩护的感觉。这个建筑物是代表日本的最有创意的企业的设施，还想更多更详细地了解那种建筑者如何将企业的理念和个性反映到建筑物空间的匠意。提高邂逅的几率固然好，但是邂逅的地点若是走廊、电梯间，或者是平平常常的办公室的话，那么，人们对于这类建筑会诞生出令人大吃一惊的独具匠心的创意，也就不抱什么期望了。Googleplex（谷歌总部大楼）多种多样的舒适性功能和如同城市缩影一样的空间，这样的引发人联想的工作场所一直都被人们关注。最近，连金融系的办公楼也开始寻求同谷歌本部大楼一样的办公环境了。虽说超出了建筑师能拥有的主导权，但还是希望建筑师能够尽其所能地开动想象力，在研究环境方面，也像过去的随身听一样，持有创造世界标准的野心。

三分一博志先生一系列的作品和论文《变成地球一部分的建筑》和日建设计修辞对比鲜明。从对峙着的各种各样状况中制造最自然的建筑，这一姿态不生硬，而且还具有柔顺的民间艺术性。建筑物本身成为自然界循环的一部分，这种定位看上去同索尼城大崎有些相似，但是把源于自然界的智慧直接地在构造和形态上表现出来这点上更具匠心。（因为两者规模不可同日而语，所以不能单纯地比较）。所谓的 energy scape（能源柱身）是世界上的原始部落也拥有的一种因各地风土不

同而形成的各具特色的风景吧。反过来说，如果持续可能的构造倡导自古以来代代相传的文化和智慧的话，大家便会拥有相同感触。传统的环境泡沫在建筑界中，仿佛强调这样的概念和技术迄今为止都不存在一样，这是非常危险的。正因如此，即使再怎么有可能延续，也没必要把这个作为主导思维，作为建筑物的特征来加以强调吧。设计图和草图上比比皆是的剑型符号发人思考，很担心大家都用这种符号的话，将会导致把自古存在的环境建筑空洞化。

今治市伊东丰雄建筑博物馆虽然本着把自然环境和建筑重新定位这样的志向建设的，但是却完全一副不是解决环境建筑方法的构成。乍眼一看，"钢铁之心"像"银色的心"一样，有一种好像从哪里移植再生过来的异质性。但是却出人意料地和当地风景融合，给人以质朴感。"大地的能量和人类的生活"，通过把这两者间的纠葛直接表现出来的建筑告诉我们，所谓的建筑是什么。也

许给我们提供了一个很好的讨论的环境。建筑物名字带有"博物馆"的字眼儿，这一建筑演出的既不是学校也不是研究室，而是发展型的"孵卵器"。期待通过寻求今后的建筑应具有的特色，能够对 Post crisis 的城市和共同体的未来像有所帮助。

山梨知彦

担当每月评论期间，自己的作品有幸在封面上介绍了两次。坦诚地说，很高兴这样幸运，但是，客观地看待自己，并与其他作品对照地加以评论是一项极具难度的工作。在这种情况下，应该怎么想，怎么说好哪？

像抓住救命稻草一样的心情翻页一看，突然看到了关于今治市伊东丰雄建筑博物馆的解说《大三岛的三个建筑和建筑学校——探寻今后的建筑的应有姿态》。自己设计自己的博物馆这一即使是著名的建筑家也极少有的机会，而且还是伊东先生自己来解说他的作品。在这样一种情况下，他都想了什么，做了什么呢？

一方面讲了对建筑教育的热情，还轻描淡写地介绍了博物馆的发展过程。接着读下去才意外地知晓，"银色的帽子"的动迁是伊东先生自己的提案。因为有"银色的帽子"这一代表作品的加入，博物馆的气质也就变得非常明了了。面对给自己的博物馆进行设计这一令人生畏的难题，竟然通

过用成为自身转折点的问题作品加入其中的方法来完成，这种大刀阔斧式的手法，令人感到非常敬服。

但是也有一种令人难以理解之处，从城市里把"银色的帽子"迁移到面临濑户内海的山丘上这种完全不同的环境中来好吗？本来，建筑是不能和它赖以存在的用地环境分离的。建筑应该与其所在的环境相得益彰，也就是"Site-specific"概念。也是近代建筑要超越的建筑课题。从赖以存在的环境中剥离出来的建筑最终不会沦为观赏物吗？也许恰恰相反，改变环境正是伊东先生的建筑的巧妙构思之所在吧。不用引用马塞尔·杜尚的"泉"的例子也知道，同一件物品从原来的环境中分离出来放到另一处迥然不同的地方，其意义会发生很大变化，这是人们所周知的事情。但是在这里不能理解为伊东先生是想因此才迁移"银色的帽子"的。

令人意想不到的是，坐落在视野开阔的山丘上的"银色的帽子"，竟然给人以非常融洽的感觉。看到这样的风景，人们反倒会觉得，兼具开放感

和轻快感的建筑原来竟然可以被安排在猥亵而杂乱的城市本身，更加让人愕然。这座建筑因位于城市本身恰恰是它存在的意义之所在吧。伊东先生不赞同把"银色的帽子"安设在城里是要借此反衬城市环境的负面处，希望通过这次迁移，试图把日本的城市环境的特质性再次表现出来吧。自古以来日本的建筑，因具有对周围自然环境的开放和连续性而著称。

但是我们理所当然地认为应该积极热心地接受自然这种感觉，如果到中东地区走一走就会发现，事情不是那么简单的。把外部的自然引入到建筑中，内外的连续性成为建筑的主题，在很大程度上是得益于日本特有的自然环境。正因如此，日本建筑的内外环境丰富的连续性才会这么精湛。

但是，在近代化的过程中，城市的概念从外部世界传入，城市建筑被设定为把外部的不好的城市环境遮断，在内部构筑一个另外的世界观。内外的联系已经被丢弃了。受舶来品教义的影响，很多城市住宅建筑是以关闭的空间的方式建筑的。不知从什么时候开始，建筑师渐渐意识到，日本的城市环境未必就是不好的，同自然环境一样，有一些"什么"是值得建筑开放，连续一些。

从中野本街的住宅到"银色的帽子"的转换正是在这种的转况的象征吧。因为那种强烈的开放形式和轻快感是源于恰当地扑捉到了日本城市特殊性的原因吧，产生强烈的共鸣，之后，日本的城市建筑才得以被解放出来吧。

那么"银色的帽子"得以安设的城市环境，日本的城市特征到底是怎样的呢？

在马场正尊先生的报告，《东京和洛杉矶的住宅建筑现况》专栏里可以找到有启示作用的语言。John Day教授的一句"感觉日本的建筑家信赖东京这座城市"非常恰当地刻画出了我们对城市的态度。我们内心根深蒂固的"对城市的信赖"的思想是自江户时代以后一脉相传下来的，虽然抱有巨大的人口能够把犯罪率抑制在极低的水平的城市的素养做后盾。无论怎么说我们如同信赖自然一样信赖城市倒是真的。把这种信赖感与开放性完美结合起来的代表作品就是"银色的帽子"。

白河市立的图书馆的长长的屋檐，贯穿"速度之家"的风之路，芝浦的办公楼的透明的连续感，石神井公寓的巨大的开口，都让人感觉到日本都市所具有的信赖感。成为日本的都市的开放性这一主题的典范。

从温暖环境的角度考虑，东京这样的高绝热高密封的空间正应该是能源浪费少的城市，但是，

即便如此，还是有很多建筑家青睐开放性好、空气流畅的住宅风格，也许是源于日本的城市特质性所带来的可能性的缘故吧。

这么一想，为了日本的都市建筑，针对这一信赖感，更应该在保持开放性的同时，努力探寻代替高绝热高密封的环保之路吧。同时，为继续获得都市信赖而努力，也是建筑师的责任。把建筑向城市开放、享受城市的信赖的同时，建筑师

们更要反过来支援和培育这份信赖。

迄今为止的环境建筑一般都是把建筑个体的能源消耗作为问题，为了保持对城市的信赖这一状况，今后的城市建筑应该在各自的城市建筑中尽其可能地多做一些利他行为，变得极为重要。索尼城大崎正是本着这一考虑，利用其硕大性来担负利他行为的，旨在筑造对城市开放的建筑。

也许，伊东先生把"银色的帽子"移设到不同的环境，就是要告诫和提醒我们，保持建筑对城市的开放所具有的意义吧。

每月评论

原田真宏

原稿截止日期是今天，9月11日。

今天是同时多发恐怖事件发生10周年的日子，那一天，纽约的世贸中心双子大楼等美国的象征性的建筑物被破坏。恰巧，今年3月11日发生的日本东部大地震刚好过去了半年。电视上反复地播放着这两件悲惨事件的画面。井然有序的建筑和城市变得满目苍夷。在新的世纪的头10年，被迫认识到，顷刻之间就可能发生天翻地覆的变化这一现实。对于战后出生的我们来说，大都以为世界是安定的存在，大多数人都以为混乱无序以及自然灾害的凶猛在人类控制范围之内，更确切地说，也许是我们一直安居乐业的世界本身也在人类可控制范围之"内"这样一种内向的文化状态吧。

灾害现实和悲痛是巨大的，迄今为止的闭锁的世界已经有了裂痕，我们再一次遭遇了与"外面世界"对峙的契机。在精心酝酿的温馨甜蜜的原有的内向的文化里，由外部世界吹进一股风，觉得这是一股寒流呢，还是新的可能性呢，因人而异吧。

杂志封面的索尼城大崎是我一直都很关注的建筑。每次坐车或者新干线，从远处看到它，都

会和自豪地看到，终于我们国家的也有了与城市的规模相匹配的高层建筑了。可以说，办公楼这类建筑的目的一直都是专注于建筑的内部。适合办公的内部环境给予最大的使用面积，不考虑地域和季节的差异，完全是人们的需求一边倒的目的。因此，就如《大型建筑的新的可能性》里所解说的一样，空调室外机向外部排放大量的废气，没有阴影的平滑的建筑的正面（这样的大楼）虽然可以确保室内使用面积，但是却使大楼整体变成一个巨大的蓄热体。索尼城大崎不限于传统的内部空间，更扩展至外部的城市环境，通过选用面向自然的设计，得到了很多的利点。

具体的是采用赤陶天窗设计的double-skin构造，这里经过雨水的浸润产生的散热效果，改善内外的热环境等，因此而产生的心理效果也很大。也就是说，虽然是硕大的建筑，但没有像至今为止的那些建筑一般无视自然，而是与自然交流，自己也融为自然的一部分，这让我们产生了一种安心感吧。其充分考虑了环境的设计，让人"一目了然"，这意义可是非常重要的。因为是办公大楼，所以内部空间不会有什么特别的魅力，但是名为bio skin的环境装置作为建筑物的正面，大大提高了外部环境的舒适性。争得了能够使人们休闲的都市空间，这对于巨大建筑来说是巨大的进步。超越了传统办公楼内外境界的设计，向人们展示了新建筑的价值。

在伊东丰雄先生的《大三岛的三个建筑和建筑学校——探寻今后的建筑应有的姿态》讲座中，非常明快地阐述了今后将要发生的"建筑的价值

的转换"。把迄今为止的，极端地讲，完全内向化了的建筑向接纳现实的社会和外部世界转换吧，对年轻的建筑师和学生们来说，对他们而言，相当于建筑界教主地位的伊东先生的这一论述意义非常深远。"为什么筑造建筑？""为了观念的观念""脱离现实的，只有建筑师才通用的社会、自治体，自然构造"，等等，不知何时完全成为内部人士对建筑的批判舆论强烈地回响。的确，我们正面临着伊东先生所说的"从零开始重新思考建筑的唯一机会"。（今治市伊东丰雄建筑博物馆开幕式的标题《新的开始》也是一种向"外"的意思的表现吧）

专栏：在《贴近振兴的建筑的力量 ArchiAid 夏令营报告》中提到，以学生为中心，由现役建筑师兼教师指导开展的灾害振兴支援活动是一个很好的实例。深入牡鹿半岛的规模不一、情况各异的村落进行调查，针对特有的问题提出有实际效果的提案，作为灾害振兴支援的方法是没有问题的。建筑家往往在"普遍的"这一旗号下，容易走向排挤世界的多样性的方向。新建筑6月刊的建筑论坛《迈向持续可能的街区建设》里评论的一样，地域差别的多样性正是村落的本质所在（9

月刊的ESSAY《持续的社会的标准——环境规格》也同样评论了，把生态系的多样性硬性地归纳到同一规格的危险性）。"走出去"就是指与接触多样性。细心地寻找不同的多样的个性，找到各自的解决之道的这项活动，给受灾地的村落带来很大的益处，同时，也会给与建筑专业的学生一个"从零开始重新思考建筑的唯一机会"吧。虽然是非常严肃而又棘手的问题，希望他们能够面向未来踏踏实实地继续这一活动。

9月刊的特色是，被动型环境控制为主题的三分一先生的两个作品和论文，坂茂先生的纸管造的Christchurch大教堂的临时教会，TNA的上州富冈站的设计比赛中奖设计，还有其他一些临时住宅的新闻等，不限于建筑行业内的话题，同具体的自然和社会这一"外部世界"开放的建筑等很多的题材（芝浦的办公楼的K字托架，东京工业

大学附属图书馆的兼用大梁的PCa的间接照明用的V字型柱等都很具适宜性）。当然也不能忽视不轻易为现实的社会和具体的世界所影响的建筑文化自身所具有的抽象的韵味。相信在这里有着未知的可能性。但是不要忘记，这，并不是建筑的所有目的。用抽象的语言来描述的话，那就是，直面现实的世界，能否从这里找寻到能够带给人们希望的

"抽象"正是对建筑家真本领的所在。我想，通过打开现实这一"外"，不论具体的，还是抽象的都会丰富我们的建筑吧！

翻译：张明辉